T0195625

essentials

essentials liefern aktuelles Wissen in konzentrierter Form. Die Essenz dessen, worauf es als „State-of-the-Art" in der gegenwärtigen Fachdiskussion oder in der Praxis ankommt. *essentials* informieren schnell, unkompliziert und verständlich

- als Einführung in ein aktuelles Thema aus Ihrem Fachgebiet
- als Einstieg in ein für Sie noch unbekanntes Themenfeld
- als Einblick, um zum Thema mitreden zu können

Die Bücher in elektronischer und gedruckter Form bringen das Expertenwissen von Springer-Fachautoren kompakt zur Darstellung. Sie sind besonders für die Nutzung als eBook auf Tablet-PCs, eBook-Readern und Smartphones geeignet. *essentials:* Wissensbausteine aus den Wirtschafts-, Sozial- und Geisteswissenschaften, aus Technik und Naturwissenschaften sowie aus Medizin, Psychologie und Gesundheitsberufen. Von renommierten Autoren aller Springer-Verlagsmarken.

Weitere Bände in der Reihe http://www.springer.com/series/13088

Patric U. B. Vogel

Laborstatistik für technische Assistenten und Studierende

 Springer Spektrum

Patric U. B. Vogel
Vogel Pharmopex24, Cuxhaven, Deutschland

ISSN 2197-6708   ISSN 2197-6716 (electronic)
essentials
ISBN 978-3-658-33206-8   ISBN 978-3-658-33207-5 (eBook)
https://doi.org/10.1007/978-3-658-33207-5

Die Deutsche Nationalbibliothek verzeichnet diese Publikation in der Deutschen Nationalbibliografie; detaillierte bibliografische Daten sind im Internet über http://dnb.d-nb.de abrufbar.

Planung/Lektorat: Stefanie Wolf
Springer Spektrum ist ein Imprint der eingetragenen Gesellschaft Springer Fachmedien Wiesbaden GmbH und ist ein Teil von Springer Nature.
Die Anschrift der Gesellschaft ist: Abraham-Lincoln-Str. 46, 65189 Wiesbaden, Germany

Was Sie in diesem *essential* finden können

- Eine Einführung in statistische Methoden für das Labor
- Die Darstellung, wie und wofür statistische Methoden zur Auswertung von Daten eingesetzt werden
- Eine Übersicht über häufig verwendete statistische Tests
- Beispiele für die Anwendung
- Eine Einführung in Fehlerquellen bei der Datenauswertung und -interpretation

Inhaltsverzeichnis

Einleitung Laborstatistik

1

In chemisch und biologisch ausgerichteten **Laboren,** ganz gleich, ob im akademischen oder regulierten Umfeld, erfolgen analytische Messungen. Das Ziel ist dabei die Bestimmung von bestimmten **Eigenschaften** der analysierten Proben oder Untersuchungseinheiten. Während in der Forschung häufig neue Eigenschaften analysiert werden, um dem bestehenden Wissen in einem Fachgebiet einen neuen Wissensbaustein zuzufügen, geht es in diagnostischen oder Analytik-Laboren um die wiederkehrende Durchführung von festgeschriebenden Methoden zur Analyse von Untersuchungsmaterialien, um eine Diagnose oder eine Bewertung vornehmen zu können. Diese Analysen haben ein breites Spektrum von der Analyse von Patientenproben, Tierproben, Lebensmitteln, Umgebungsproben (z. B. Wasserqualität) bis hin zur Analyse von Arzneimitteln. Während **statistischen Methoden** bei der Bewertung von Daten aus Forschungsprojekten meist eine zentrale Bedeutung zukommt, spielen sie in Analytik-Laboren mit standardisierten Prozessen eine eher untergeordnete Rolle. Aber auch in diesen Bereichen werden statistische Methoden teilweise für die finale Bewertung herangezogen. Außerdem kann je nach Situation in bestimmten Fällen der Einsatz von weiterführenden Datenanalysen wichtig sein. Daher lohnt es sich auch für Mitarbeiter von Laboren, in denen **Statistik** im Routine-Alltag keine nennenswerte Rolle spielt, für diese Spezialfälle gewappnet zu sein, indem man sich das notwendige statistische „Rüstzeug" aneignet.

Es gibt eine fast unüberschaubare Anzahl von verschiedenen **Eigenschaften** oder auch **Merkmale** genannt, z. B. der pH-Wert einer Lösung, die Vitalität von Stammzellen, die Leitfähigkeit einer Flüssigkeit, das Gewicht von Labortieren, genetische Faktoren von Menschen, die Menge von Nebenprodukten einer chemischen Reaktion, die Teilungsgeschwindigkeit von Bakterien, die Anzahl an Viren, die eine infizierte Zelle bildet, die Menge von bestimmten Schwermetallen

P. Vogel et al., *Laborstatistik für technische Assistenten und Studierende*, essentials, https://doi.org/10.1007/978-3-658-33207-5_1

in Fischproben, der Glukose-Gehalt im Blut, die Synthese von Signalstoffen als Reaktion auf Stimuli und, und, und. Die Liste ließe sich über dutzende Seiten fortsetzen. Für eine angemessene **statistische Analyse** lässt sich dieser Dschungel an Eigenschaften aber auf wenige Gruppen reduzieren. In Kap. 2 werden wir die wenigen Gruppen oder „Töpfe" kennenlernen, in die diese verschiedenen Eigenschaften gesteckt werden können. Aus diesem Grund lassen sich ähnliche Eigenschaften mit den gleichen **statistischen Methoden** untersuchen, wodurch das ganze Datenspektrum kanalisiert wird, ähnlich wie tausende von Autobahnzufahrtsstraßen, die am Ende in wenige Autobahnspuren münden. So lassen sich selbst in Laboren, die eine ganz unterschiedliche Ausrichtung haben, häufig die gleichen statistischen Methoden einsetzen.

Die Anwendung von **Statistik** setzt ein paar grundlegende Kenntnisse voraus. Das trifft auch zu, wenn Statistik-Programme genutzt werden, um Daten zu analysieren. Wir müssen wissen, welche statistische Methode die richtige für diesen Fall ist, und warum wir dies machen. Zusätzlich müssen wir ein Gefühl dafür haben, was die Ergebnisse der **statistischen Berechnung** bedeuten. Diese Grundlagen werden die Leser*innen in diesem Buch lernen, egal ob biologisch-technische Assistentin in einem Lebensmittelanalytik-Labor oder ein Student, der unter Anleitung wissenschaftliche Versuche an der Universität durchführt. Es gibt eine Vielzahl von freien und kostenpflichtigen Statistik-Programmen, die in verschiedenen Laboren genutzt werden. Da die meisten Personen unabhängig von der genauen Tätigkeit Zugriff auf **MS Excel** haben, werden wir die Berechnungen anhand dieses Tabellenkalkulationsprogramms kennenlernen. MS Excel bietet in seiner Grundversion nicht für alle statistische Methoden ausgewiesene Funktionen bzw. Formeln an. Deswegen gehen wir in diesen Fällen auf einfache Formeln zurück, die nicht mehr als ein allgemeines Verständnis von **mathematischen Grundoperationen** (Multiplikation, Bruchrechnung, Wurzelrechnung und quadrieren, also multiplizieren mit sich selbst) erfordern und entweder mit einem Taschenrechner oder wiederum schrittweise mithilfe der Grundoperationen von MS Excel berechnet werden können. Die Rechenbeispiele in diesem essential erfolgen mit MS Excel aus dem Office 365-Paket. Sofern einige Leser*innen mit älteren Excel-Versionen arbeiten, finden sich einige der dargestellten Funktionen an anderer Stelle. Leider ist es hier nicht möglich, die Durchführung mit allen möglichen Excel-Versionen vorzustellen.

In diesem essential konzentrieren wir uns auf die Auswertung von quantitativen (kontinuierlichen), normalverteilten Daten. Die **statistischen Methoden,** die am häufigsten in der **Laborumgebung** für die Analyse dieses Datentyps verwendet werden, werden schrittweise anhand von einfachen Beispielen erklärt. Die Leser*innen werden zunächst verschiedene **Datentypen** kennenlernen. Danach werden die ersten einfachen Schritte bei der Beschreibung von Daten vorgestellt, bestehend aus der Berechnung des **Mittelwerts** und von Kenngrößen der **Variabilität**. Die Leser*innen lernen, wie Datensätze einfach grafisch mittels Balkendiagrammen dargestellt werden und welche Fallstricke bereits bei diesen einfachen Schritten lauern.

Danach wird vorgestellt, wie **Ausreißer** bestätigt werden können. Das sind artifizielle Laborwerte, die nicht repräsentativ für die analysierte Probe sind. Anschließend wird die Prüfung von Daten auf **Normalverteilung** erklärt. Eine häufig vernachlässigte Methode, die **Stichprobenberechnung,** beschäftigt sich mit der Frage, wie viele Messungen durchgeführt werden müssen, d. h. wie groß die Stichprobe sein muss, um statistisch zuverlässige Aussagen zu treffen. Da diese drei Techniken nicht in jedem Labor Standard sind, werden diese in einem Kapitel zusammengefasst, obwohl z. B. die Stichprobenberechnung bereits in der Planung berücksichtigt werden sollte, also vor der Durchführung von Experimenten.

Danach werden weiterführende **statistische Methoden** erläutert, die alle eine Normalverteilung voraussetzen. Im ersten Schritt vergleichen wir verschiedene Datensätze mittels *t*-**test** und **ANOVA.** Diese Analysen erlauben Aussagen, ob sich die gemessenen Werte (auch Ausprägungen genannt) der Eigenschaften verschiedener Gruppen statistisch voneinander unterscheiden. Selbst in neueren wissenschaftlichen Publikationen zählen der *t*-test bzw. die ANOVA zu den häufigsten eingesetzten statistischen Tests (Park et al. 2009; Lee und Lee 2018). Anschließend wird anhand eines einfachen Beispiels dargestellt, wie der Zusammenhang zwischen zwei Eigenschaften ermittelt werden kann. Dazu lernen die Leser*innen die **lineare Regression** und **Korrelation** kennen und abschließend wofür **Vertrauensintervalle** gut sind, wie diese berechnet werden und welche Schlüsse hieraus gezogen werden können.

Datentypen und beschreibende Statistik 2

2.1 Datentypen (qualitativ und quantitativ)

Es gibt einige wenige **Datentypen,** die unterschieden werden. Die gröbste Unterteilung ist die Aufteilung von Daten in **qualitativ** und **quantitativ.** Qualitativ meint die Erfassung eines Zustands, der gewöhnlich nicht als besser oder schlechter gewertet werden kann als andere Zustände. Ein Beispiel ist die Fellfarbe von Ratten. Diese kann z. B. weiß, schwarz, schwarz-weiß oder braun sein. Andere **qualitative Merkmale** sind die Rattenart, das Geschlecht, die Augenfarbe (wobei es bei Ratten keine differenzierten Augenfarben wie beim Menschen gibt) oder der Genotyp. Diese Merkmale ergeben kein auf einer Skala messbares Ergebnis. Im Gegensatz dazu sind **quantitative Merkmale** auf einer Skala messbar. Quantitative Daten kann man weiter unterteilen in diskret (bestimmte Merkmale nehmen nur bestimmte Werte an wie das Menschenalter, das in Jahren und nicht mit Jahr und Monat und Tag angegeben wird) und kontinuierlich (die Glukose-Konzentration im Blut mit Nachkommastellen) (Spriestersbach et al. 2009; du Prel et al. 2010). Andere Beispiele für quantitative Daten sind die Größe, der Cholesterinspiegel oder das Gewicht (Abb. 2.1). Wir werden in diesem Buch nur kontinuierliche quantitative Daten (z. B. Temperatur, Probengehalt in mg/ml, Gewicht etc.) behandeln.

Diese **Merkmale** zeichnen sich dadurch aus, dass sie einen natürlichen Nullpunkt und proportionale Abstände haben. Eine Ratte, die 300 g wiegt, ist doppelt so schwer wie eine 150 g schwere Ratte und diese ist wiederum doppelt so schwer

P. Vogel et al., *Laborstatistik für technische Assistenten und Studierende*, essentials, https://doi.org/10.1007/978-3-658-33207-5_2

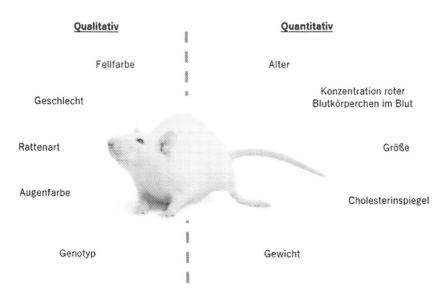

Qualitativ   **Quantitativ**

Fellfarbe   Alter

Geschlecht   Konzentration roter
                                                       Blutkörperchen im Blut

Rattenart   Größe

Augenfarbe
                                                       Cholesterinspiegel

Genotyp   Gewicht

Abb. 2.1 Übersicht über qualitative und quantitative Merkmale einer Laborratte. (Quelle Abbildung Ratte: Adobe Stock, Dateinr.: 55557551)

wie eine junge Ratte von 75 g. Auch bei der Temperatur ist z. B. die Differenz zwischen 30–25 °C genauso groß wie zwischen 10–5 °C.

Daneben gibt es noch andere Merkmale. Sofern wir die Lerngeschwindigkeit von Ratten messen wollen, müssen wir eine Einteilung dafür finden, z. B. Kategorien von 1–5 bilden, wobei 1 sehr schnelles lernen bedeutet und 5 sehr langsames lernen meint. Danach können wir die Laborratten je nach Lerngeschwindigkeit in diese Gruppen einteilen. Das wichtigste Merkmal ist aber, dass wir diese Gruppen selbst subjektiv festgelegt haben. Die Lerngeschwindigkeit hat keinen natürlichen Nullpunkt und auch keine natürliche Einheit. Aus diesem Grund können wir nicht sagen, dass der Unterschied zwischen 1 und 2 genauso groß ist wie der Unterschied zwischen 3 und 4. Trotzdem ist anders als bei rein **qualitativen Merkmalen** (Fellfarbe weiß vs. schwarz) eine Wertung möglich. Ratten, die in Gruppe 1 sind, lernen schneller als Ratten der Gruppe 2. Ein weiteres Beispiel ist das Schulnotensystem. Die Einteilung von 1–6 wurde auf Basis einer Konvention geschaffen, um anhand dieses Bewertungsystems die Leistung von Schülern einstufen zu können. Auch hier können wir nicht sagen, dass eine 2 doppelt so gut ist wie eine 4. Diese Merkmale werden **ordinalskaliert** genannt und es gibt zahlreiche **statistische Methoden** zur Analyse dieser Daten (du Prel et al. 2010). Diese werden jedoch in diesem essential nicht weiter behandelt.

2.2   Mittelwert, Variabilität, grafische Darstellung und Fehlerquellen

2.2.1   Berechnung der Kennwerte und Erstellung von Abbildungen

Der **Mittelwert** ist die erste **statistische Größe,** die bei der Datenauswertung berechnet wird. Der Mittelwert wird denkbar einfach berechnet. Es werden alle Einzelergebnisse zusammengezählt und die Summe durch die Anzahl der Einzelergebnisse geteilt. In Formeln wird der Mittelwert als x-quer dargestellt. x_1, x_2 etc. sind die einzelnen Messresultate. Das Zeichen x_n ist das letzte Messresultat in der Reihe. Das Zeichen n steht für die Anzahl der Messresultate.

Präziser gesagt handelt es sich hier um den arithmetischen Mittelwert.

$$\text{Formel:} \quad x = \frac{x_1 + x_2 + x_3 + x_n}{n}$$

Nehmen wir als Beispiel das Gewicht einer Gruppe von Laborratten, die unter gleichen Bedingungen gehalten werden.

Der Mittelwert wird wie folgt berechnet:

$$x = \frac{300,8 + 312,2 + 284,9 + 295,1 + 295,1 + 307,0 + 291,7}{6} = 298,6$$

Die nächste **statistische Größe,** die interessant ist, ist die **Standardabweichung** (ab jetzt **SD** genannt), die ein Maß für die Variabilität von Daten ist. Die Einzelwerte von Messserien werden nur selten alle den gleichen Wert annehmen. Vielmehr tritt fast immer eine gewisse Variabilität, also **Streuung** auf. Sofern die Einzeldaten alle dicht am Mittelwert liegen, ist die Variabilität und damit die SD klein, wenn die Einzeldaten große Abweichungen vom **Mittelwert** aufweisen, ist die SD groß (Abb. 2.2). Im oberen Teil der Abb. 2.2 (Fall A) ist das Gewicht von 6 Laborratten dargestellt. Die 6 blauen Punkte entsprechen dem Gewicht der einzelnen Ratten. Der Mittelwert von ca. 300 g ist als horizontale rote Linie eingezeichnet. Alle Ratten haben ein sehr ähnliches Gewicht mit nur wenig Streuung

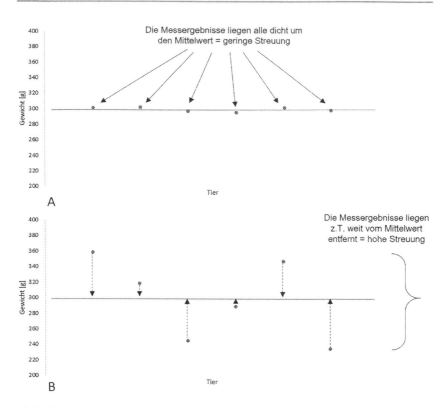

Abb. 2.2 Mögliche Unterschiede in der Streuung von Datensätzen mit dem gleichen Mittelwert

um den Mittelwert. In diesem Fall ist die SD sehr klein. Im unteren Teil der Abbildung (Fall B) ist der Mittelwert identisch, jedoch weicht das Gewicht der einzelnen Ratten z. T. erheblich vom Mittelwert ab, die SD ist in diesem Fall groß (Abb. 2.2).

Diese Unterschiede, also die **SD,** können verschiedene Ursachen haben. Im Allgemeinen weisen Proben von verschiedenen Personen oder Tieren je nach analysiertem Merkmal z. T. größere Unterschiede auf. Selbst wenn wir die gleiche Probe (z. B. das Gewicht einer Laborratte) sechs Mal messen würden, wird das Gewicht vermutlich nicht exakt identisch sein. Dies kann durch leichte Unterschiede bei der Messung (wie und wo wird die Ratte auf die Waage gesetzt) verursacht werden. Bei anderen Messungen kann dies auch durch

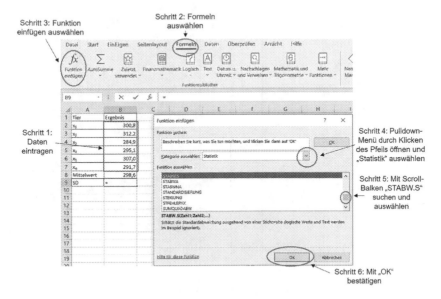

Abb. 2.3 Schritte zur Berechnung der SD unter Verwendung von MS Excel

die Probennahme, Probenvorbereitung und selbst durch leichte Variationen des Messinstruments verursacht werden.

Wir berechnen im nächsten Schritt die **Standardabweichung** mit MS Excel. Dazu tragen wir die Einzelergebnisse in ein neues Arbeitsblatt ein. Daneben ist bereits der **Mittelwert** angegeben. Wir klicken mit dem Cursor die Ergebniszelle rechts von SD an (B9 in Abb. 2.3) und wählen im Menü unter Formeln erneut „fx Funktion" einfügen. Im neuen Dialogfeld wird unter Kategorie „Statistik" und in der alphabetischen Liste die Funktion „STABW.S" ausgewählt und mit „OK" bestätigt (Abb. 2.3).

Es erscheint ein neues kleineres Dialogfeld (Abb. 2.4). Dieses kann verschoben werden, indem der Cursor über dem Fenster platziert wird, die linke Maustaste gedrückt gehalten und das Fenster dann z. B. nach rechts verschoben wird. In das Feld „Zahl1" werden die Zellen eingegeben, die unsere Daten enthalten (nur die mit Einzelwerten, das Feld mit dem Mittelwert wird ignoriert), in diesem Beispiel B2:B7. Das Feld „Zahl2" wird ebenfalls ignoriert. Nach Bestätigung mit „OK" erscheint nun die **SD** in der zuvor ausgewählten Zelle. Die SD beträgt gerundet 10,1 g und hat die gleiche Einheit wie das gemessene Merkmal, also Gramm.

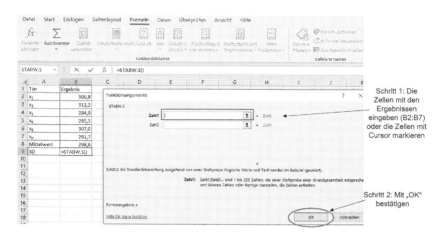

Abb. 2.4 Feld zur Berechnung der SD mittels STABW.S

Wir haben jetzt die beiden wichtigen statistischen Größen **Mittelwert** und **SD** berechnet. Die Gruppe bestehend aus 6 Ratten hat ein mittleres Gewicht von 298,6 g mit einer Standardabweichung von 10,1 g. Die erste Größe ist für jeden einleuchtend, die zweite schon etwas abstrakter. Ist 10,1 g viel oder wenig? Die Frage ist nicht leicht zu beantworten, das hängt von dem untersuchten Merkmal und der eingesetzten Analytik ab. Im Grunde genommen kann dies nur mit Erfahrung bewertet werden. Es gibt Analysten, die routinemäßig sich wiederholende Versuche durchführen, über wenige ähnliche Testserien bis hin zu Einzelversuchen, die nicht wiederholt werden. Selbst wenn keine Erfahrung existiert, können einige Analysten in Literaturquellen fündig werden.

Trotzdem ist die **SD** nicht so klar zu bewerten. Ein Maß, das einen Vergleich mit anderen Messungen bzw. Laboren ermöglicht, ist die **relative Standardabweichung,** auch **Variationskoeffizient** (VK) genannt.

$$\text{Formel:}\quad \textit{Variationskoeffizient} = \frac{SD}{MW} \times 100$$

Hierbei wird die **SD** durch den **Mittelwert** geteilt und mit 100 multipliziert. Das bedeutet, dass wir hiermit den prozentualen Anteil der SD am Mittelwert ausdrücken.

Für unser Bespiel ergibt sich

$$Variationskoeffizient = \frac{10,1}{298,6} \times 100 = 3,38\,\%$$

Das bedeutet, dass das Merkmal Gewicht innerhalb der kleinen Stichprobe von 6 Ratten einen **VK** von 3,38 % hat. In vielen Bereichen wie in Analytik-Laboren ist dies nicht nur ein informativer Wert, sondern es existieren Obergrenzen, die nicht überschritten werden dürfen. Das Ziel ist hierbei die Variabilität der Messung zu kontrollieren, da diese wiederum einen Einfluss auf die Richtigkeit des Ergebnisses hat. Je nachdem, ob es sich um eher präzise chemische oder eher variable **bioanalytische Methoden** handelt, schwankt die Obergrenze für **VKs** von Labor zu Labor und Methode zu Methode z. T. beträchtlich. Diese kann von 1 % bis in den hohen zweistelligen Bereich von z. B. 50 % reichen.

Der **VK** erleichtert eine vergleichende Bewertung. Als Beispiel nehmen wir zwei Labore, die die gleiche Messmethode durchführen. Die Labore nutzen jedoch unterschiedliche Standard-Präparationen als Kontrollsubstanzen. Bei der Betrachtung der **SD** könnten wir den Eindruck gewinnen, dass die Messung in Labor A doppelt so variabel ist wie in Labor B (0,2 SD vs. 0,1 SD; Tab. 2.2). Die Höhe der SD muss jedoch immer im Vergleich zum Absolutwert gesehen werden. Das Labor B misst eine Standard-Präparation, die halb so konzentriert ist wie das Labor A (Tab. 2.2).

Die Berechnung des **VKs** gibt in beiden Fällen 2,50 %, d. h. die Variabilität der Messmethode in den beiden Laboren ist gleich.

$$Variationskoeffizient \text{ Labor A} = \frac{0,2}{8} \times 100 = 2,50\,\%$$

$$Variationskoeffizient \text{ Labor B} = \frac{0,1}{4} \times 100 = 2,50\,\%$$

Der letzte Schritt in der Beschreibung der Daten ist die grafische Darstellung. Es gibt zahlreiche Formen, jedoch ist die Darstellung in Form von **Balkendiagrammen** weit verbreitet.

In diesem **Balkendiagramm** wollen wir den **Mittelwert** sowie die **SD** anzeigen lassen. Wir nutzen hierfür die Daten, mit denen Abb. 2.2 erstellt wurde, also zwei Gruppen von 6 Einzelwerten, die einen identischen Mittelwert, aber eine deutlich unterschiedliche Variabilität aufweisen (Tab. 2.3).

Zunächst übertragen wir die Daten in zwei zusammenhängende Spalten eines Excel-Arbeitsblattes. Die Berechnung des Mittelwerts haben wir zuvor händisch erledigt. Es gibt in MS Excel eine Funktion (unter Formeln, Funktionen, Kategorie auswählen: Statistik → „MITTELWERT") zur Berechnung des **Mittelwerts**. Daneben lassen wir die **SD** berechnen. Im letzten Schritt erstellen

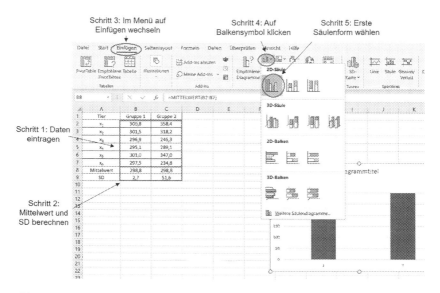

Abb. 2.5 Schrittweise Abfolge zur Erstellung eines Balkendiagramms

wir ein **Balkendiagramm**. Dazu markieren wir die beiden Mittelwert-Zellen mit gedrückter linker Maustaste, gehen im Menüband auf Einfügen, und wählen unter Balkendiagrammen das einfache Balkendiagramm (Abb. 2.5).

Das **Balkendiagramm** zeigt zunächst zwei blaue Balken, die die **Mittelwerte** der beiden Gruppen darstellen. Auf der y-Achse ist das Gewicht dargestellt. Im nächsten Schritt tragen wir die **SD** ein. Dazu klicken wir mit der linken Maustaste auf die Abbildung. Es erscheinen rechts oben neben der Abbildung Symbole, von denen wir das „ + "-Zeichen auswählen, und dann in der sich öffnenden Liste den Cursor auf „Fehlerindikatoren" halten. Es erscheint ein schwarzer Pfeil, den wir anklicken und sich weitere Optionen öffnen. Wir wählen „Weitere Optionen" durch Mausklick an (Abb. 2.6).

Es öffnet sich die Karte „Fehlerindikatoren formatieren" auf der rechten Seite. Als erstes wird „Plus" aktiviert, damit später die **SD** als vertikaler Strich über dem blauen Balken erscheint, danach wird „Benutzerdefiniert" und „Wert angeben" ausgewählt. Es öffnet sich ein neues Fenster, indem die Werte für die SD eingetragen werden können. Da das erste Feld („Positiver Fehlerwert") bereits aktiviert ist, halten wir den Cursor über die Zelle B1 (enthält die SD von Gruppe 1), halten die linke Maustaste gedrückt und ziehen den Cursor bis Zelle C9 und lassen

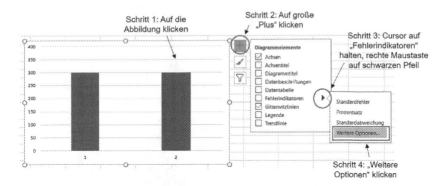

Abb. 2.6 Schrittweise Abfolge zum Aufrufen der Funktionen zur Bearbeitung der Standardabweichung

die Maustaste los. Dann erscheinen die Werte im Feld „Positiver Fehlerwert". Abschließend wird mit „OK" bestätigt (Abb. 2.7).

Die **SD** wird nun über den blauen Balken als vertikaler Strich angezeigt. Die SD der ersten Gruppe ist sehr klein, die SD der Gruppe 2 ist deutlich größer (Abb. 2.8). Dies spiegelt die Unterschiede der Streuung aus Abb. 2.2 wider.

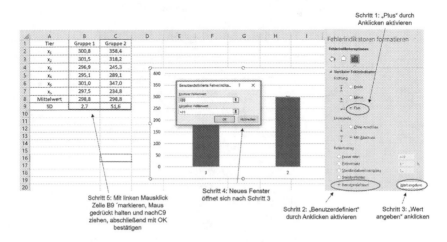

Abb. 2.7 Schrittweise Abfolge zum Einfügen der SD im Balkendiagramm

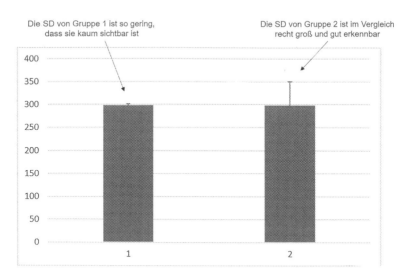

Abb. 2.8 Balkendiagramm mit Darstellung der Mittelwerte und der Standardabweichung

Im nächsten Schritt werden noch weitere Feinheiten geändert, u. a. eine Achsenbeschriftung eingefügt, sowie die Zahlen unter den Balken durch die Gruppennamen und Anzahl der Einzelwerte ergänzt (Abb. 2.9).

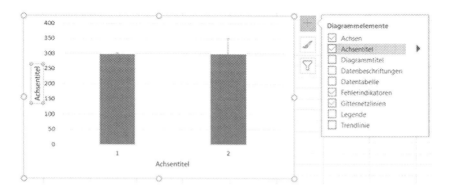

Abb. 2.9 Grafische Darstellung von Mittelwert und SD mittels eines Balkendiagramms

Zunächst wird auf das **Balkendiagramm** geklickt, wodurch die Symbole rechts neben der Abbildung erscheinen. Erneut wird „Plus" ausgewählt und mit einem Mausklick ein Haken bei Achsentitel gesetzt. Hierdurch erschienen nun die Achsentitel für die x- und y-Achse. Durch einen Mausklick sind die Boxen direkt beschreibbar und der bereits enthaltene Text kann gelöscht werden. Als Titel der y-Achse wird Gewicht [g] und als Titel der x-Achse „Gruppe" eingegeben.

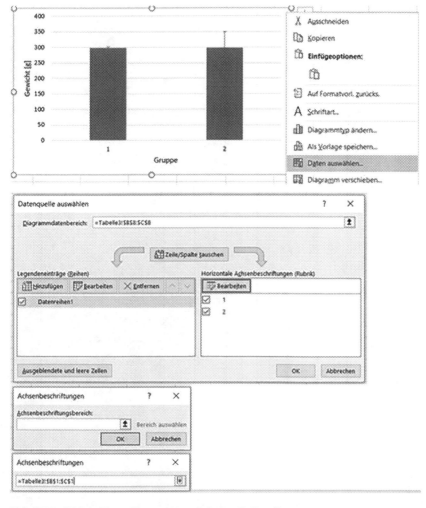

Abb. 2.10   Weitere Formatierung eines einfachen Balkendiagramms

Durch Rechtsklick auf die Abbildung erscheinen rechts diverse Formatierungsoptionen, von denen „Daten auswählen" ausgewählt wird. Danach erscheint ein weiteres Dialogfeld. Auf der rechten Seite wird „Bearbeiten" ausgewählt und es erscheint erneut ein kleines Dialogfeld. Die Beschriftung wird eingegeben, indem wir auf den Pfeil klicken, dann mit gedrückter Maustaste die Beschriftungsfelder der beiden Gruppen markieren, wieder den Pfeil klicken und mit „OK" bestätigen (Abb. 2.10).

Damit ist unsere grafische Darstellung abgeschlossen. Diese Form der Darstellung findet sich auch häufig (meist ohne farbige Balken) in Publikationen in wissenschaftlichen Journalen (Abb. 2.11). Der **Mittelwert** und die **SD** wurden berechnet und das dazugehörige **Balkendiagramm** erstellt. Diese einfachen Schritte können von den Leser*innen nun wiederholt angewendet werden, wenn neue Versuche erfolgen und Daten vorliegen.

Im Rahmen der Ausbildung von technischen Assistenten und Studierenden kann es bei Prüfungen dazu kommen, dass die **SD** auch mit einem Taschenrechner ohne Hilfsfunktionen berechnet werden muss. Aus diesem Grund wird diese Berechnung nachgeliefert.

$$\text{Formel:} \quad \sqrt{\frac{\sum (x_i - \bar{x})^2}{(n - 1)}}$$

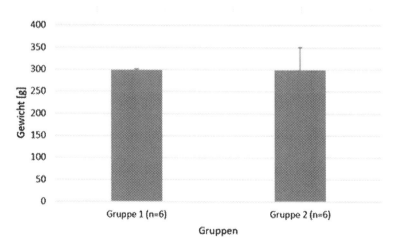

Abb. 2.11 Fertiges Balkendiagramm mit Mittelwert und SD beider Gruppen

Tab. 2.1 Ergebnisse der Gewichtsmessung (in Gramm) von Laborratten

Tier	Ergebnis
x_1	300,8
x_2	312,2
x_3	284,9
x_4	295,1
x_5	307,0
x_n	291,7

Diese Formel bedeutet, dass wir alle Einzelwerte x_i vom **Mittelwert** $\bar{x}$ abziehen und quadrieren (mit sich selbst multiplizieren). Dann werden diese Summen addiert und durch die Anzahl der Einzelwerte abzüglich 1 (n − 1) geteilt. Aus dieser Summe wird die Wurzel gezogen, was die **SD** ergibt. Für den ersten Datensatz aus Tab. 2.1 ergibt sich:

$$SD = \sqrt{\big((300,8 - 298,6)^2 + (312,2 - 298,6)^2 + (284,9 - 298,6)^2}$$
$$\sqrt{+ (295,1 - 298,6)^2 + (307,0 - 298,6)^2 + (291,7 - 298,6)^2\big)/(6 - 1)}$$
$$= \sqrt{\big((2,2)^2 + (13,6)^2 + (-13,7)^2 + (-3,5)^2 + (8,4)^2 + (-6,9)^2\big)/5}$$
$$= \sqrt{(4,8 + 185 + 187,7 + 12,3 + 70,6 + 47,6)/5}$$
$$= \sqrt{507,9/5}$$
$$= \sqrt{101,6}$$
$$= 10,1$$

Das Ergebnis von 10,1 stimmt mit dem Ergebnis der Excel-Funktion **STABW.S** überein.

Tab. 2.2 Mittelwert und SD von zwei Analytik-Laboren

Statistische Größe	Ergebnis Labor A	Ergebnis Labor B
Mittelwert	8	4
Standardabweichung	0,2	0,1

Tab. 2.3 Gewicht der Laborratten aus zwei verschiedenen Gruppen	Tier	Gruppe 1	Gruppe 2
	x_1	300,8	358,4
	x_2	301,5	318,2
	x_3	296,9	245,3
	x_4	295,1	289,1
	x_5	301,0	347,0
	x_6	297,5	234,8

2.2.2 Fehlerquellen

Die eben dargestellten Aktivitäten sehen denkbar einfach aus. Leider lauern selbst hier einige **Fehlerquellen,** über die sich der Analyst bewusst sein sollte.

Bei der Berechnung des **Mittelwerts,** aber auch der Darstellung der Einzelwerte gibt einen wichtigen Punkt zu berücksichtigen. Die Zahlen müssen richtig **gerundet** werden. Beispiel: Eine Testprobe wird analysiert, die mit einer Nachkommastelle angegeben werden soll. Das Ergebnis auf dem Ausdruck des Messinstruments wird mit 3,045 (Einheit ist nicht relevant) ausgewiesen. Was ist das korrekte Ergebnis?

Es gibt einige Personen, die sich bis zum finalen Ergebnis durchrunden, gemäß dem Prinzip:

3,045 → 3,05 → 3,1. Dieses Durchrunden ist falsch. Für die **Rundung** wird immer die letzte Nachkommastelle vor der relevanten Stelle verwendet. Hier muss auf die erste Nachkommastelle gerundet werden. Aus diesem Grund wird nur die letzte Ziffer vor der ersten Nachkommastelle verwendet, aus 3,045 wird 3,0 (FDA 2019).

Die **korrekte Rundung** ist vor allem in Bereichen notwendig, in denen **Spezifikationen** bestehen.

Wenn z. B. ein Arzneimittel geprüft wird, das bei einer Analyse ein Ergebnis zwischen 10 und 20 Einheiten aufweisen soll, würde das Ergebnis 9,52 spezifikationskonform sein, da es gerundet 10 ergibt und somit gerade der akzeptablen Untergrenze entspricht. Sofern die Spezifikationsgrenzen 10,0 bis 20,0 betragen würden, also mit einer Nachkommastelle, ist das gleiche Ergebnis 9,52 nicht spezifikationskonform, da es gerundet 9,5 ergibt. Im Gegensatz zum pharmazeutischen Bereich gibt es viele akademische Fragestellungen, bei denen die Anzahl der Nachkommastellen der Daten nicht festgelegt ist. Aber auch hier sollte eine Darstellungsweise konsequent beibehalten werden, also nicht die Ergebnisse mal mit, mal ohne Nachkommastellen angegeben werden.

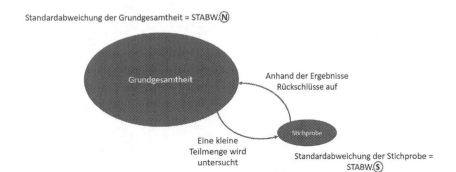

Abb. 2.12 Zusammenhang zwischen Grundgesamtheit und Stichprobe sowie Excel-Funktionen für die korrekte SD

Bei der Berechnung der **SD** wird auch häufig ein Fehler gemacht. Es gibt zwei wesentliche Formeln für die Berechnung der SD. Eine für die SD einer **Stichprobe** (MS Excel: **STABW.S**) und eine für SD der **Grundgesamtheit** (MS Excel: **STABW.N** (Abb. 2.12). Eine Stichprobe ist fast alles, mit dem wir im Laboralltag zu tun haben. Es wird eine bestimmte Anzahl von Messungen durchgeführt und die Variabilität dieser Messungen beschrieben. Die Grundgesamtheit stellt die Gesamtheit aller sog. Merkmalsträger dar. Zum Beispiel könnte anhand einer zufällig ausgewählten Stichprobe von einigen Tausend Personen die mittlere Körpergröße aller in Deutschland lebenden Erwachsenen geschätzt werden. Die tausend Personen, die gemessen werden, bilden die Stichprobe. Die Grundgesamtheit wird durch die vielen Millionen in Deutschland lebenden erwachsenen Personen gebildet. Auch im Labor prüfen wir gewöhnlich kleine Teilmengen, auch beim Versuch mit den Laborraten müssen wir die Formel STABW.S verwenden.

Es gibt nur einen Unterschied zwischen den Formeln. Im Nenner der Formel steht entweder „n-1" (STABW.S) oder „n" (STABW.N). Dieser Unterschied hat jedoch Auswirkungen auf das Ergebnis. Im Fall der Laborratten erhalten wir mit der richtigen Funktion eine **SD** von 10,1 g, während die andere Formel ein Ergebnis von 9,2 g liefert (Tab. 2.4). Die Variabilität wird mit der falschen Formel grundsätzlich etwas unterschätzt. Desweiteren kann sich dieser Unterschied auch auf weitere **statistischen Berechnungen** auswirken, von denen einige auch die SD verwenden.

Im regulierten pharmazeutischen Bereich können solche Fehler auch weitere Konsequenzen haben. Wenn z. B. fälschlicherweise die Formel für die **SD** der

Tab. 2.4 Unterschied zwischen der SD für eine Stichprobe und eine Grundgesamtheit

Tier/Parameter	Ergebnis
x_1	300,8
x_2	312,2
x_3	284,9
x_4	295,1
x_5	307,0
x_6	291,7
Mittelwert	298,6
STABW.S (Stichprobe)	**10,1**
STABW.N (Grundgesamtheit)	**9,2**

Grundgesamtheit für eine Berechnung verwendet wird, ist das dokumentierte Ergebnis fehlerhaft. Man spricht hier von sog. **Abweichungen.** Diese müssen, wenn sie nachträglich entdeckt werden, ausreichend beschrieben werden, und der Einfluss auf die Qualität des Produkts bewertet werden. Weiterhin werden Maßnahmen definiert, um ein erneutes Auftreten zu verhindern. Insgesamt ist dies ein mühsamer Vorgang, der mit ausreichend statistischen Kenntnissen und eindeutigen Standardarbeitsanweisungen vermieden werden kann.

Bei der grafischen Darstellung von Labordaten lauern ebenfalls **Fehlerquellen.** Schauen wir uns das Beispiel von zwei Datengruppen je 6 Laborratten an (Abb. 2.13). Beide Gruppen haben den gleichen **Mittelwert** von knapp unter 300 g. Zu welcher Einschätzung kommen Sie als Leser bezüglich der **Variabilität**? Ist die Variabilität der Gruppen ähnlich oder deutlich unterschiedlich?

Es ist grundsätzlich schwierig, die exakte **Variabilität** visuell zu ermitteln. Trotzdem weisen im Unterschied zu Abb. 2.2 hier beide Datensätzen eine recht große **Streuung** um die **Mittelwerte** auf. Aus diesem Grund werden sicher einige Leser intuitiv dazu neigen, beide Datensätzen als ähnlich variabel einzuschätzen. Interessanterweise sind die Daten absolut identisch mit den Daten aus Abb. 2.2. Das Einzige was in dieser Abbildung geändert wurde, ist die Achseneinteilung der y-Achse im oberen Bereich. Die vorherige **Skalierung** von 200–400 g wurde auf 295–305 g geändert. Wir haben somit einen kleinen Teil der Abbildung stark vergrößert und damit auch die relative Lage der Datenpunkte zur Mittelwertlinie künstlich „aufgebläht". So wirken die Abweichungen vom Mittelwert sehr groß. Die Daten sind mit diesen unterschiedlichen Achsenskalierungen aber nicht

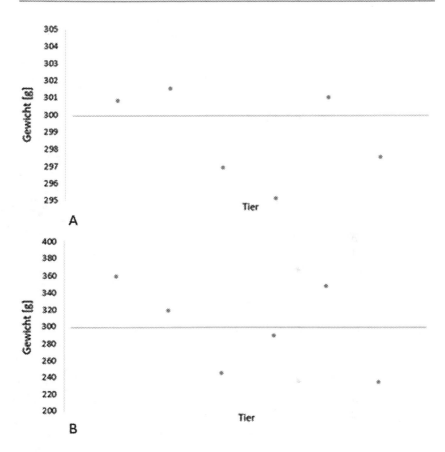

Abb. 2.13 Streuung von zwei Datensätzen mit dem gleichen Mittelwert

vergleichbar. Dieses Mittel wird teilweise auch bewusst eingesetzt, um z. B. minimale Effekte als besonders dramatisch darzustellen, sofern es die eigene Theorie unterstützt.

Ausreißer in Datensätzen erkennen, Normalverteilung, Stichprobengröße

3

3.1 Übersicht

In diesem Kapitel finden sich Informationen und Werkzeuge, die nicht unbedingt unabdingbarer Teil einer jeden **Datenanalyse** sind (Abb. 3.1). Dazu gehört die Überprüfung auf **Ausreißer**, also das Erkennen von atypischen Ergebnissen, die vielleicht durch Fehler bei der Durchführung entstanden sein könnten. Es wird hierzu eine einfache Methode vorgestellt, wie eigene Datensätze auf Ausreißer geprüft werden können. Daneben ist eine **Normalverteilung** für die später angewendeten statistischen Tests (Kap. 4–5) wichtig. In Laboren, in denen wiederkehrend Messungen der gleichen Eigenschaften stattfinden, ist die Verteilung sicher bekannt. Hier müssen neue Messdaten nicht immer wieder auf Normalverteilung geprüft werden. Aus diesem Grund haben einige Analysten vielleicht selten oder nie die Notwendigkeit, Daten auf Normalverteilung zu überprüfen. Jedoch gibt es in vielen Bereichen Experimente zu völlig neuen Eigenschaften. In diesen Fällen sollten die Analysten in der Lage sein, die Normalverteilung statistisch überprüfen zu können. Eine weitere wichtige Frage ist, wie groß die **Stichprobe** sein muss, damit wir vernünftige Schlüsse aus den Ergebnissen ziehen können. Dieser Aspekt wird bei Datenanalysen häufig vernachlässigt. In Analytik-Laboren, in denen die Anzahl der Messungen durch Arbeitsanweisungen vorgeschrieben ist, entfällt dieser Aspekt. Im akademischen Bereich sind die Anzahl der Messungen häufig eine Festlegungssache und hängen von der Philophosie der Arbeitsgruppe und den Kosten ab. Es finden sich häufig n = 3, 4, 6 oder 10. Wichtig ist hierbei zu wissen, dass in diesen Fällen die Anzahl eine

© Der/die Autor(en), exklusiv lizenziert durch Springer Fachmedien Wiesbaden GmbH, ein Teil von Springer Nature 2021
P. Vogel et al., *Laborstatistik für technische Assistenten und Studierende*, essentials, https://doi.org/10.1007/978-3-658-33207-5_3

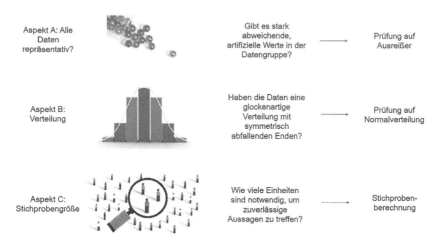

Abb. 3.1 Aspekte der Datenanalyse, die in diesem Kapitel vorgestellt werden. (Quelle Bild farbige Kugeln: Adobe Stock, Dateinr.: 179032577; Quelle Bild Normalverteilung: Adobe Stock, Dateinr.: 24192806; Quelle Bild Stichprobengröße: Adobe Stock, Dateinr.: 166541103)

subjektive Festlegung ist. Es gibt statistische Formeln, mit denen die notwendige **Stichprobengröße,** also die Anzahl von Untersuchungseinheiten, berechnet werden kann. Eine Methode wird in diesem Kapitel vorgestellt.

Diejenigen Leser*innen, die routinemäßig immer wieder eine festgelegte Anzahl von Messungen von Testproben durchführen, die Ergebnisse dokumentieren und dann weitergeben, werden die folgenden Konzepte erst Mal nicht brauchen und können z. B. direkt zu Kap. 4 springen. Es ist jedoch ratsam, sich auch diese Inhalte für bestimmte Sonderfälle anzueignen bzw. in solchen Fällen auf dieses Kapitel zurückzugreifen.

3.2   Ausreißer-Test

Bei einigen **Datenanalysen** kann es vorkommen, dass im Datensatz merkwürdige oder atypische Werte auftreten. Schauen wir uns Abb. 3.2. an. Jeder, unabhängig vom Ausbildungsberuf oder der derzeit ausgeführten Tätigkeit, wird sehen, dass die grüne Kugel nicht zum Rest der blauen Kugeln passt (Abb. 3.2.). Bei den Kugeln ist es hier ein qualitatives Merkmal (grün vs. blau), diese Auffälligkeiten

Abb. 3.2 Auffällige Kugel, die farblich nicht zu dem Rest der Gruppe passt. (Quelle: Adobe Stock, Dateinr.: 179032577)

können jedoch auch bei **quantitativen Daten** vorkommen. Das heißt nicht unbedingt, dass diese Werte generell falsch sind. Es kann jedoch sein, dass z. B. Fehler bei der Probenlagerung, Probenvorbereitung oder der Messdurchführung (z. B. eine Haarschuppe, die in eine Kavität einer 96-Well-Mikrotiterplatte fällt und die anschließende Lichtmessung verfälscht) aufgetreten sind. Diese artifiziellen Werte werden **Ausreißer** genannt, da das Ergebnis für das untersuchte Merkmal nicht repräsentativ ist. Es ist fast in jeder Situation knifflig zu bewerten, ob der Wert einfach nur extrem (aber richtig) oder auf Basis eines Fehlers entstanden ist.

Nehmen wir an, in einer weiteren Gruppe von Ratten weicht das Gewicht einer Ratte stark ab. Das Gewicht der fünften Ratte aus Tab. 2.5 wird hierzu verändert (Tab. 3.1). Der geänderte Datensatz ist nicht so auffällig wie die farbigen Kugeln. Trotzdem erscheint dieser Einzelwert bei genauer Betrachtung atypisch. Die anderen Werte liegen dicht um 300 g herum und 350,0 g wirkt sehr weit davon entfernt (Abb. 3.3).

Nun prüfen wir statistisch, ob dieser Wert ein **Ausreißer** ist. Dazu verwenden wir den **Dixon-Test** (Walfish 2006). MS Excel bietet keine Formel hierfür, jedoch lässt sich dieser Test recht einfach manuell (mit einem Taschenrechner oder mithilfe der Excel-Grundfunktionen) berechnen, da nicht mehr als eine Bruchrechnung notwendig ist. Zunächst müssen die Daten aufsteigend sortiert (händisch oder in MS Excel unter Start im Menü weit rechts Funktion „Sortieren

Tab. 3.1 Austausch eines unauffälligen durch einen stark abweichenden Einzelwert

Alter Datensatz	Geänderter Datensatz
300,8	300,8
301,5	301,5
296,9	296,9
295,1	295,1
301,0	350,0
297,5	297,5

Abb. 3.3 Grafische Darstellung der relativen Lage der Einzelwerte zueinander. (Abstand des Wertes 350,0 zur besseren grafischen Darstellung nicht maßstabsgerecht)

und Filtrieren" und „aufsteigend sortieren") werden. Danach weisen wir jedem Wert die Begriffe x_1 (kleinster Wert) bis x_n (größter Wert) zu (Tab. 3.2).

Wenn wir diese Ergebnisse als blaue Punkte auf einer horizontalen Gramm-Achse darstellen, wird noch deutlicher, dass der größte Wert weit vom Rest entfernt ist, obwohl die Abbildung zur besseren Visualisierung noch nicht Mal ganz maßstabsgerecht ist (Abb. 3.3).

Beim **Dixon-Test** werden zwei Abstände benötigt. Der Abstand zwischen dem größten Wert und dem zweitgrößten Wert (hier x_5 oder x_{n-1}), sowie der Abstand zwischen dem kleinsten Wert und dem größten Wert (die sog. **Spannweite**) (Abb. 3.4).

Tab. 3.2 Aufsteigend sortierter Datensatz für den Dixon-Test auf Ausreißer

Wert	Ergebnis (g)
x_1	295,1
x_2	296,9
x_3	297,5
x_4	300,8
x_5	301,5
x_n	350,0

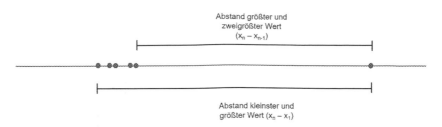

Abb. 3.4 Abstände innerhalb von Datensätzen zur Berechnung des Dixon-Tests

Dazu nutzen wir die folgende Formel, wobei x_n für den größten Wert, x_{n-1} für den zweitrößten Wert und x_1 für den kleinsten Wert stehen:

$$r11 = \frac{Xn - Xn - 1}{Xn - X1}$$

Bei Einsetzen der Werte aus Tab. 3.2. erhalten wir ein Ergebnis von 0,883. Das ist schon das Endergebnis des **Dixon-Tests.**

$$r11 = \frac{(350,0 - 301,5)}{(350,0 - 295,1)} \quad r11 = \frac{48,5}{54,9} \quad r11 = 0,883$$

Um nun bewerten zu können, ob das Ergebnis von 0,883 bedeutet, dass der größte Wert einen **Ausreißer** darstellt, müssen wir diesen Wert mit einem **kritischen Wert** vergleichen. Die kritischen Werte können aus Tabellen entnommen werden. Es gibt verschiedene frei zugängliche Online-Quellen (Walfish 2006; Georg-August Universität Göttingen 2020).

Die **kritischen Werte** unterscheiden sich je nach Anzahl der Messungen n und der gewünschten **Irrtumswahrscheinlichkeit** (für den **Ausreißer-Test** selbst), auch **Signifikanzniveau** genannt. Die Anzahl n meint die Anzahl unserer Messungen und für die Irrtumswahrscheinlichkeit wählt man gewöhnlich 5 % (Tab. 3.3).

Das ergibt für unser Beispiel einen kritischen Wert von 0,560. Wenn unser berechnetes Ergebnis größer als dieser Wert ist, ist der betreffende Einzelwert **statistisch signifikant** als **Ausreißer** nachgewiesen. In unserem Fall ist 0,883 > 0,560. Das bedeutet, dass das Ergebnis 350,0 g als statistischer Ausreißer bestätigt wurde. Gewöhnlich wird dieser Wert für die weitere statstische Analyse (**Mittelwert, SD, *t*-test** etc.) nicht weiter berücksichtigt.

Tab. 3.3. Kritische Werte für den Dixon-Test (Auszug entnommen aus Georg-August Universität Göttingen 2020), rot umkreist ist der kritische Wert für n = 6 und einer Irrtumswahrscheinlichkeit von 5 %

n	Signifikanzniveau				
	10 %	5 %	2 %	1 %	0,5 %
5	0,557	0,642	0,729	0,780	0,821
6	0,482	(0,560)	0,644	0,698	0,740
7	0,434	0,507	0,586	0,637	0,680

Das obige Beispiel bezog sich auf einen Datensatz mit einem besonders hohen Einzelwert. Sofern ein Datensatz einen besonders kleinen Einzelwert aufweist, wir also einen **Ausreißer** nach unten vermuten, drehen wir die Rechnung einfach um. Anstatt im Zähler der Bruchrechnung den Abstand vom größten zum zweit-größten Wert zu berechnen, nehmen wir den Abstand zwischen dem kleinsten und zweitkleinsten Wert.

Formel für **Ausreißer** nach unten: $r11 = \dfrac{(X2 - X1)}{(Xn - X1)}$

Daneben bleibt die Formel bei größeren **Stichproben** nicht gleich, sondern wird leicht modifiziert. (Walfish 2006; Georg-August Universität Göttingen 2020). Am einfachsten ist es, die Zahlen zu sortieren, den Zahlen x_1 bis x_n zuzuweisen und dann anhand der entsprechenden Formel die Berechnung durchzuführen.

Im **pharmazeutischen Bereich** gibt es sogar Tätigkeiten, in denen die Anwendung von **Ausreißer-Tests** untersagt sind. Ein Beispiel ist der Homogenitätsnachweis bestimmter Eigenschaften wie des Gehalts. Bei der Überprüfung der Eignung von neuen Prozessen dürfen keine Daten entfernt werden, da das Untersuchungsobjekt die **Verteilung** selbst ist und stark abweichende Ergebnisse Schwächen des Herstellungsprozesses offenbaren könnten.

Ausreißer-Tests können helfen, eine zuverlässige Datenanalyse zu ermöglichen. Auf der anderen Seite muss klar sein, dass die Anwendung von **Ausreißer-Tests** auch negative Konsequenzen haben kann bzw. eingesetzt werden, um Daten zu manipulieren (Thiese et al. 2015).

Zur Veranschaulichung bleiben wir bei unserem Hormontherapie-Experiment mit den Laborratten, von denen eine immer dicker geworden ist. Angenommen, wir entfernen diese Ratte aus dieser Gruppe, weisen durch **einen statistischen Vergleich** (den wir im nächsten Kapitel besprechen) mit der Kontrollgruppe (die die Hormontherapie nicht erhalten hat) nach, dass sich das Gewicht durch die

Hormontherapie **statistisch signifikant** reduziert und publizieren diese Ergebnisse mit n = 5. Eine andere Gruppe am anderen Ende der Welt liest unsere Publikation und entscheidet, dass Experiment zu wiederholen. Auch hier wird eine Ratte nach Hormontherapie immer fetter. Die zweite Forschungsgruppe denkt ebenfalls, dass es sich um einen Fehler handeln muss und berücksichtigen diese Ratte nicht für die **Datenanalyse.** Im Endeffekt publiziert auch diese Gruppe sehr beeindruckende Ergebnisse, aus denen hervorgeht, dass diese Hormontherapie gut wirksam ist. Letztlich bemerkt bei dieser Abfolge keiner, dass etwas „im Busch ist". Diese abweichenden Daten könnten auf Gefahren hindeuten, z. B. dass diese Hormontherapie bei bestimmten individuellen Faktoren eine besonders stark ausgeprägte entgegengerichtete Wirkung hat. Nur wenn die erste Forschungsgruppe in der Publikation im Auswertungs-Teil transparent den **Ausreißer** benennt, hat die zweite Forschergruppe die Möglichkeit, ihre starke Abweichung besser einzuordnen. Ggfs. würde dies weitere Experimente zur Folge haben, um diesen Effekt zu untersuchen.

3.3 Normalverteilung

Die Verteilung von Daten ist eine wichtige Eigenschaft, die über die Auswahl des richtigen **statistischen Tests** entscheidet. Die statistischen Tests, die wir in der Folge kennenlernen, setzen voraus, dass Daten normalverteilt sind. Das ist z. B. für die Erstellung von **Qualitätsregelkarten** im pharmazeutischen Bereich und die Durchführung der in späteren Kapiteln erläuterten statistischen Tests (z. B. **Student's *t*-test, ANOVA**) sehr wichtig (Hazra und Gogtay 2016).

Um diese Berechnung nachvollziehen zu können, müssen wir erst den Begriff der **Normalverteilung** verstehen. Einige Leser werden sicherlich schon Mal von der **Gauß-Kurve** oder **Gauß-Verteilung** gehört haben. Damit ist eine **Glockenkurve** gemeint (Abb. 3.5). Die Mitte der Glockenkurve bildet den höchsten Punkt, während zu den Seiten hin die Kurve symmetrisch abfällt. Diese Glockenkurve stellt die relative Häufigkeit der **Merkmalsausprägungen** dar, d. h. wie oft prozentual bestimmte Werte auftreten. Am Beispiel der Körpergröße, die bekanntlich normalverteilt ist, lässt sich dieser Zusammenhang am besten erklären. Nehmen wir an, die durchschnittliche Körpergröße aller deutschen erwachsenen Männer ist 180 cm. Dies ist ein Durchschnittswert, wobei je nach Mann die Körpergröße schwankt. Die meisten Männer haben eine Körpergröße nahe 180 cm. Da die Kurve die prozentuale Häufigkeit darstellt, ist die Mitte der Kurve am höchsten. Kleinere und größere Männer kommen seltener vor, verdeutlicht durch die abfallenden Seiten der Glockenkurve.

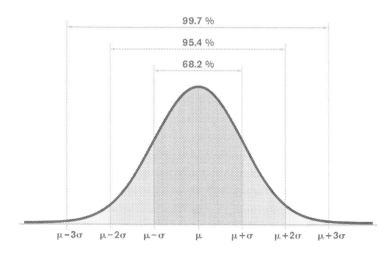

Abb. 3.5 Standard-Normalverteilung eines Merkmals mit Wahrscheinlichkeiten der Auftretenshäufigkeit bestimmter Ausprägungen. (Quelle: Adobe Stock, Dateinr.: 331904731)

Gemäß den Gesetzen der **Standard-Normalverteilung** liegen ca. 68 % der Ausprägungen in einem Intervall von ± 1 SD um den **Mittelwert**. Weiterhin befinden sich ca. 95 % der Ausprägungen in einem Intervall von ± 2 SD um den Mittelwert und ca. 99 % in einem Intervall von ± 3 SD um den Mittelwert (Flachskampf und Nihoyannopoulos 2018). Nehmen wir für das Beispiel der durchschnittlichen Körpergröße deutscher Männer eine SD von 6 cm an. Das bedeutet, dass ca. 68 % aller Männern eine Körpergröße von 180 cm ± 6 cm aufweisen, d. h. 174 cm–186 cm groß sind. Weiterhin weisen ca. 95,4 % aller Männer eine Körpergröße von 168 cm–192 cm auf. Abschließend haben 99,7 % aller Männer eine Körpergröße von 162 cm–198 cm.

Diese Gesetzmäßigkeiten gelten für alle **normalverteilten Merkmale,** also neben der Körpergröße auch für viele andere Labordaten. In unserem Beispiel mit den Laborratten könnte es genauso sein, allerdings ist die Berechnung von Wahrscheinlichkeiten auf Basis einer **SD** von einer Gruppe von sechs Ratten mehr als fragwürdig. Aber gehen wir davon aus, dass wir mehrere Jahre das Gewicht dieser Rattenart ermittelt haben. Unsere Daten ergeben ein mittleres Gewicht von 300 g mit einer SD von 15 g. Weiter nehmen wir an, dass das Gewicht bereits als normalverteilt bestätigt wurde. In diesem Fall kann die gleiche Berechnung wie mit der Körpergröße angewendet werden. Von allen Ratten dieser Rattenart, die wir im Labor halten, werden 68 % ein Gewicht von 285 g – 315 g (300 ± 15 g) aufweisen. Ca. 95 % werden ein Gewicht von 270 g – 330 g haben und ca. 99.7 % werden ein Gewicht von 255 g–345 g haben. Diese Erwartungswerte sind in vielen Situation hilfreich. Gehen wir zurück auf unseren Ausreißer aus Abschn. 3.2. Eine Ratte hatte ein Gewicht von 350 g. Dieses Gewicht liegt nicht in dem Bereich, der 99.7 % der Ratten abdecken sollte. Das verdeutlicht, dass der Wert von 350 g extrem ist. Extrem heisst aber nicht unbedingt falsch. In Abb. 3.5 ist zu sehen, dass an beiden Enden der **Glockenkurve** mit niedriger Häufigkeit Extremwerte vorkommen. Diese kommen sehr selten vor, sind aber Teil dieser Verteilung.

Wichtig ist zu wissen, dass quantitativ nicht gleichbedeutend mit **normalverteilt** ist. Es gibt im Laboralltag viele Eigenschaften, die grafisch nicht so eine schöne **Glockenkurve** ergeben. Bei bestimmten Eigenschaften kommen z. B. besonders große Werte häufiger vor als in der Normalverteilung. Dadurch sieht die Glockenkurve deutlich schiefer aus. Ein Beispiel sind mikrobiologische Daten, die häufig nicht normalverteilt sind. In diesen Fällen lassen sich die später darge-stellten statistischen Tests wie der *t*-test oder **ANOVA** nicht anwenden. Es gibt für die Auswertung von nicht-normalverteilten quantitativen Daten andere, sog. **nicht-parametrische statistische Methoden,** die allerdings in diesem essential nicht besprochen werden (Abb. 3.6).

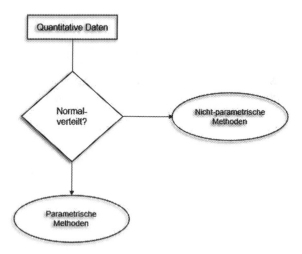

Abb. 3.6 Übersicht über die Wege einer statistischen Datenanalyse in Abhängigkeit der Datenverteilung

Tab. 3.4 Aufsteigend sortierte Gewichte der Laborratten mit Mittelwert und SD

Wert	Ergebnis (g)
x_1	295,1
x_2	296,9
x_3	297,5
x_4	300,8
x_5	301,0
x_n	301,5
Mittelwert	298,8
SD	2,7

Die **Normalverteilung** einer Eigenschaft sollte im besten Fall anhand einer großen Menge an Daten (z. B. 50 Einzelwerte) bestimmt werden. Werden im Anschluss häufiger Analysen mit weniger Messungen gemacht (z. B. n = 3 oder n = 5), macht es nicht wirklich Sinn, die Normalverteilung immer wieder zu prüfen, da dies fehleranfällig ist. Klar im Vorteil sind diejenigen, die Zugriff auf statistische Software haben. In diesen Fällen kann die Normalverteilung mit wenigen Klicks geprüft werden. MS Excel bietet hierfür in der Grundfunktion keine Alternative. Damit die Leser*innen selbst in die Lage versetzt werden, Datensätze mit unbekannter Verteilung auf **Normalverteilung** prüfen zu können, lernen wir hier den Test nach **Shapiro–Wilk** kennen.

Dazu nutzen wir erneut die Gewichtsmessung der Laborratten. Die Messungen einer Gruppe werden aufsteigend sortiert (Tab. 3.4).

Die Normalverteilung wird mithilfe der folgenden Gleichung berechnet (Abb. 3.7):

Abb. 3.7 Shapiro–Wilk Formel zur Prüfung auf Normalverteilung

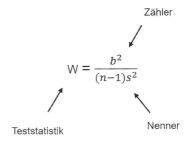

$$W = \frac{b^2}{(n-1)s^2}$$

Zähler

Teststatistik

Nenner

Tab. 3.5 Koeffizienten für
eine Stichprobe bestehend
aus 6 Werten

$n =$	6
a_1	0,6431
a_2	0,2806
a_3	0,0875

W steht für die **Teststatistik,** also das Ergebnis, mit dem anschließend die Bewertung erfolgt, ob die Daten normalverteilt sind. z Zur Vereinfachung wird die Gleichung erst im Zähler und anschließend im Nenner berechnet.

Berechnung des Zählers b^2:

Zuerst bilden wir Datenpaare, die voneinander abgezogen werden. Der kleinste Wert vom vom größten Wert abgezogen, der zweitkleinste vom zweitgrößten und der drittkleinste vom drittgrößten Wert.

$$(301,5 - 295,1) + (301,0 - 296,9) + (300,8 - 297,5).$$

Um den Zähler der Gleichung (b) zu vervollständigen, muss jedes der Datenpaare mit einem Koeffizienten, hier **k-Gewichte** genannt, multipliziert werden. Für unsere Stichprobe von 6 Werten sind die k-Gewichte in Tab. 3.5 genannt. Sofern andere **Stichprobengrößen** vorliegen, können die notwendigen k-Gewichte aus öffentlich zugänglichen Online-Quellen (z. B. US EPA 1997) entnommen werden.

Tab. 3.6 Beurteilung des
Shapiro–Wilk Tests

Ausgang	Vergleich mit kritischem W-Wert	Bewertung
1	$W > W_{krit}$	Normalverteilt
2	$W \leq W_{krit}$	Nicht normalverteilt

Tab. 3.7 Beispielhafte
Berechnung der
notwendigen Stichprobe

Begriff	Werte
Z-Wert für alpha	1,96
Z-Wert für beta	0,842
SD	15
Relevanter Unterschied	10

Das erste Datenpaar wird mit a_1 multipliziert, das zweite mit a_2 und das dritte mit a_3. Dies ergibt:

$$(301,5 - 295,1) \times 0,6431 + (301,0 - 296,9) \times 0,2806 + (300,8 - 297,5) \times 0,0875$$

Danach setzen wir vorne und hinten eine Klammer und quadrieren die resultierende Summe.

$$((301,5 - 295,1) \times 0,6431 + (301,0 - 296,9) \times 0,2806 + (300,8 - 297,5) \times 0,0875)^2$$

Hierdurch haben wir jetzt den Zähler der Gleichung komplett:

$$W = \frac{((301,5 - 295,1) \times 0,6431 + (301,0 - 296,9) \times 0,2806 + (300,8 - 297,5) \times 0,0875)^2}{(n-1)s^2}$$

Im nächsten Schritt füllen wir den Nenner der Gleichung. Die Stichprobengröße ist in unserem Beispiel n = 6. Der Datensatz hat eine SD von 2,7 g. Diese setzen wir in die Gleichung ein und erhalten:

$$W = \frac{((301,5 - 295,1) \times 0,6431 + (301,0 - 296,9) \times 0,2806 + (300,8 - 297,5) \times 0,0875)^2}{(6-1) \times 2,7^2}$$

Die Summe des Zählers beträgt $\approx$ 30,8586, die Summe des Nenners 35,1200. Im Endergebnis erhalten wir eine Teststatistik W von 0,879.

$$W = \frac{30,8586}{35,1200} \approx 0,879$$

Um nun bewerten zu können, ob die Daten normalverteilt sind, müssen wir diesen Wert mit dem kritischen W-Wert vergleichen. Diese sind in frei zugänglichen Internet-Quellen auffindbar (z. B. US EPA 1997) und verändern sich in Abhängigkeit der Anzahl der Werte (n). Der kritische W-Wert für eine Stichprobe von 6 ist 0,788.

Für die Bewertung des **Shapiro–Wilk-Tests** gilt allgemein: Sofern die berechnete **W-Teststatistik** (hier 0,879) größer ist als der kritische Wert, sind die Daten **normalverteilt**. Sofern die W-Teststatistik kleiner oder gleich als der kritische Wert ist, sind die Daten **nicht normalverteilt** (Tab. 3.6).

In unserem Fall ist 0,879 > 0,788. Damit werden die Daten als **normalverteilt** eingestuft.

Sofern Datensätze größer sind, werden für die zusätzlichen Datenpaare die entsprechenden k-Gewichte aus den Tabellen entnommen und im Zähler der Gleichung ergänzt. Bei Datensätzen, die eine ungerade Anzahl von Ergebnissen haben (z. B. 7, 9 oder 15), wird genauso vorgegangen, da die ungerade Zahl von sich selbst subtrahiert Null ergibt und nicht zum Ergebnis der **W-Teststatistik** beiträgt, nur das andere k-Werte verwendet werden.

Abschließend können wir festhalten, dass die manuelle Prüfung von Daten auf **Normalverteilung** sehr aufwendig und zeitintensiv ist. Das ist sicherlich vertretbar, wenn jemand für eine wichtige Arbeit (z. B. Abschlussbericht oder Diplomarbeit) die Daten einmalig auf Normalverteilung prüfen möchte. Bei größeren Datensätzen ist dies aber sehr schwierig und fehleranfällig. Einige Anbieter von Statistik-Programmen bieten eine 14- oder 30-tägige kostenlose Probeversionen. Das ist eine gute Alternative, anstatt an seitenlangen Berechnungen zu verzweifeln. Die genaue Anwendung dieser Probeversionen kann man sich schnell durch kostenlose Online-Tutorials beibringen.

3.4   Stichprobengröße: Wie viel ist genug?

Bei der Durchführung von **Laborexperimenten** stellt sich häufig die Frage, wie viele Messungen erfolgen müssen oder wie viele Untersuchungseinheiten eingeschlossen werden müssen, um aussagekräftige Daten zu erhalten. In regulierten Laboren, die nach Arbeitsanweisungen arbeiten, ist die Anzahl meist festgelegt. Wie bereits erwähnt, finden sich im akademischen Bereich häufig die Angaben n = 3, n = 4 oder n = 10 in Publikationen. Meist ist die Anzahl auf Basis von Konventionen der jeweiligen Arbeitsgruppe festgelegt, es gibt aber auch **statistische Formeln,** die uns die Anzahl der Messungen „ausspucken". Die Berechnung selbst ist nicht ganz so ausladend wie die zuvor vorgestellte Prüfung auf **Normalverteilung,** allerdings müssen wir einige Größen kennen, um die Formel mit Leben zu füllen. Unliebsam ist diese Methodik, da sich viele Menschen mit diesen Berechnungen nicht auskennen oder die Anzahl, die am Ende rauskommt, häufig als vollkommen übertrieben angesehen wird. Für die Berechnung der Stichprobengröße ist es ideal, bestehende Statistik-Software zu nutzen. Da nicht jeder die gleiche Software benutzt und MS Excel uns in seinen Grundfunktionen hier nicht weiterhilft, nutzten wir erneut eine händische Formel (Abb. 3.8).

Für die Berechnung benötigen wir zwei sog. **Z-Werte,** einen für das **Signifikanzniveau** und für den **ß-Fehler.** Wenn wir die Laborversuche abschließend mit sog. Signifikanztests wie z. B. den *t*-**test** untersuchen möchten (Frage: Gibt es einen signifikanten Unterschied zwischen den Gruppen-Mittelwerten), gibt es

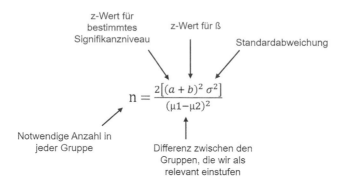

Abb. 3.8 Formel zur Berechnung der Stichprobengröße

eine **Irrtumswahrscheinlichkeit** α, die wir in Kauf nehmen. Das ist vereinfacht ausgedrückt der Fall, wenn ein Signfikanztests uns ein Glauben macht, dass ein wesentlicher Unterschied existiert, obwohl das nicht der Fall ist. Dies wird auch als α-Fehler genannt. Typische Werte für diese Irrtumswahrscheinlichkeit sind z. B. 1 % ($\alpha = 0{,}01$) oder 5 % ($\alpha = 0{,}05$). Der andere Fall ist die Situation, in der ein wesentlicher Unterschied existiert, den wir anhand unserer Messungen nicht erkennen. Das wird ß-Fehler genant. Dies ergibt die sog. **Power** (1 – ß) einer Studie. Damit ist gemeint, wie mächtig unsere Studie ist, um wirklich existierende Unterschiede auch als solche zu erkennen. Für ß wird häufig 0,2 gewählt, das entspricht einer Power von 1 – ß = 1 – 0,2 = 0,8 = 80 %. Für beide Werte (α und ß) gibt es korrespondierende Z-Werte. Für $\alpha = 0{,}05$ ist der Z-Wert 1,96. Für ß = 0,2 ist der Z-Wert 0,842 (Noordzij et al. 2011).

Die nächsten Begriffe sind einfacher. σ steht für die **SD**. Nehmen wir an, die Gewichtsmessung hat eine Standardabweichung von 15 g ergeben (Abschn. 3.3). Der Ausdruck μ_1-μ_2 steht für die Differenz, die wir als relevant einstufen. Für den letzten Wert gibt es keine Tabellen. Diesen müssen wir auf Basis von Erfahrung festlegen.

Nehmen wir als Beispiel den folgenden Versuch: Wir haben einen neuen pflanzlichen Wirkstoff, ein Hormon, von dem wir erhoffen, dass es bei Übergewicht durch Appetitreduktion zu einer Gewichtsreduktion führen soll. Wir machen hierzu einen Versuch, in dem wir zwei Gruppen von übergewichtigen Laborratten einteilen. Die Hormontherapie-Gruppe erhält das pflanzliche Hormon, die Kontrollgruppe ein Placebo und beide Gruppen erhalten in der Folge weiterhin das gleiche Überangebot an Nahrung. Nach einer Woche wird von allen Ratten das

Gewicht gemessen (Tab. 2.1). Nehmen wir weiter an, dass ein Gewichtsunterschied zwischen der Kontrollgruppe und der Hormontherapie-Gruppe von 10 g als relevant eingestuft wird.

Weiter wählen wir die geläufigen Werte für α = 0,05 (Z-Wert = 1,96) und ß = 0,2 (Z-Wert = 0,842) (Noordzij et al. 2011). Dadurch ergeben sich folgende Zahlen, die in die Gleichung eingesetzt werden (Tab. 3.7).

$$n = \frac{2\left[(1,96 + 0,845)^2 * 15^2\right]}{(10)^2} = 35,33 \approx 36$$

Die Berechnung ergibt 35,33, gerundet 36. Die Anzahl n wird immer aufgerundet. Das Ergebnis bedeutet, dass wir 36 Tiere pro Gruppe (d. h. insgesamt 72 Tiere, je 36 in der Kontrollgruppe und der Hormontherapie-Gruppe) einschließen müssen, um mit einer Sicherheit von 80 % einen wesentlichen Unterschied (in Höhe von min. 10 g) zwischen den Gruppen zu erkennen, sofern dieser Unterschied wirklich existiert.

Die notwendige Anzahl n hängt u. a. von den gewählten Fehlerwahrscheinlichkeiten ab. Bei 80 % Sicherheit würde in jedem fünften Versuch ein Unterschied übersehen werden, sofern ein wirklicher Unterschied in Höhe von 10 g vorliegen würde. Sofern wir sicherer sein wollen, könnte auch ß = 0,1 gewählt werden. Das würde eine **Power** von 90 % ergeben. Dadurch ändert sich aber auch der **Z-Wert** für den **ß-Fehler** von 0,842 auf 1,28 (Noordzij et al. 2011). Wenn wir dies in der Formel ändern, ist die resultierende Anzahl von Tieren pro Gruppe bereits bei 48. Andererseits haben auch der relevante Unterschied und die SD einen Einfluss. Sofern beispielsweise das durchschnittliche Gewicht eine **SD** von 30 g anstatt 15 g hätte, würden 142 Tiere pro Gruppe notwendig sein. Das zeigt, dass die notwendige Anzahl in einigen Fällen sehr hoch sein kann, weshalb **Stichprobenberechnungen** aufgrund von Zeit- und Kostenaspekten nicht sehr beliebt sind.

Vergleiche von Mittelwerten

4

4.1 Student's t-test

Der nächste Schritt in der **Datenanalyse** beschäftigt sich häufig mit der Frage, ob der Unterschied zwischen zwei oder mehr Stichproben (Gruppen) statistisch bedeutungsvoll ist, auch **statistisch signifikant** genannt. Bei zwei Gruppen wird häufig der Student's *t*-test eingesetzt (Vogel 2020a). Vereinfacht ausgedrückt geht es um die Frage, ob der gefundene Unterschied zwischen zwei Gruppen allein auf Zufall beruhen könnte oder von zwei Populationen stammt. Der t-test ist ein Hypothesentest mit einer Nullhypothese und einer Alternativhypothese. Die Nullhypothese nimmt immer an, dass kein relevanter Unterschied existiert, während die Alternativhypothese einen Unterschied annimmt.

Im rechten Teil der Abb. 4.1 ist eine blaue Verteilungskurve gezeigt. Diese zeigt die Verteilung des Gewichts einer **Grundgesamtheit**, z. B. das Gewicht von Tieren, die unter ähnlichen Bedingungen gehalten werden. Sofern wir zwei **Stichproben** nehmen, kann der Mittelwert identisch sein, aber auch Unterschiede aufweisen. Dies ist dargestellt durch die roten Punkte von Stichprobe A und B. Bei diesem Fall sehen wir, dass der Unterschied des Mittelwerts der beiden Stichproben rein zufällig ist und keine statistisch relevante Bedeutung hat. Im linken Teil der Abb. 4.1 ist die Situation gezeigt, dass es sich um zwei verschiedene Grundgesamtheiten handelt, die sich im Mittelwert unterscheiden, jedoch eine gewisse Überlappung aufweisen (Abb. 4.1). Sofern wir von jeder der Populationen eine Stichprobe ziehen, möchten wir hier korrekterweise zur Aussage kommen, dass ein Unterschied existiert. Bei der Analyse von neuen Eigenschaften haben wir natürlich nicht so eine vorgefertigte Abbildung der „realen" Situation. Wir tappen erstmal im Dunkeln und der *t*-test hilft uns, „Licht ins Dunkel zu bringen".

P. Vogel et al., *Laborstatistik für technische Assistenten und Studierende*, essentials, https://doi.org/10.1007/978-3-658-33207-5_4

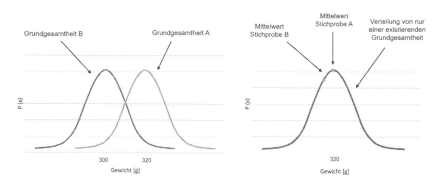

Abb. 4.1. Verteilung von Merkmalen, die von einer bzw. zwei Populationen stammen

Vor Durchführung eines t-tests muss das sog. Signifikanzniveau gewählt werden. Bei jedem statistischen Test gibt es eine Irrtumswahrscheinlichkeit, auch α genannt. Bei Signifikanztests werden gewöhnlich 5 % Irrtumswahrscheinlichkeit (entspricht 0,05), 1 % (entspricht 0,01) oder 0,1 % (entpricht 0,001) gewählt (Carly und Lecky 2003). Hier wählen wir 5 %. Der p-Wert nimmt Werte zwischen 0 und 1 ein. Das Ergebnis unseres t-Tests wird als p-Wert ausgegeben und anschließend mit dem festgelegten Wert von hier 0,05 verglichen. Sofern der p-Wert $\leq 0,05$ ist, liegt ein statistisch signifikanter Unterschied vor. Wenn der p-Wert größer als 0,05 ist, liegt kein statistisch signifikanter Unterschied vor.

Nehmen wir wieder das Beispiel mit dem Hormontherapie-Versuch. Wir haben zwei **Stichproben,** die Hormontherapie-Gruppe und die Kontrollgruppe. Nun möchten wir wissen, ob das verabreichte Hormon zu einer **statistisch signifikanten** Gewichtsabnahme führt. Am Ende des Versuchs ist das mittlere Gewicht der Hormontherapie-Gruppe um 22,2 g niedriger als das mittlere Gewicht der Kontrollgruppe (Tab. 4.1). Wir nutzen den *t*-test, um diese Frage zu beantworten.

Zuerst geben wir die Datengruppen in ein leeres MS Excel Arbeitsblatt ein. Danach klicken wir mit dem Cursor in die leere Zelle, in der wir das Ergebnis des *t*-tests anzeigen lassen möchten. Als nächstes wählen wir unter Formeln mit dem Cursor „fx Funktion einfügen". Es erscheint ein Dialogfeld, in der wir unter „Kategorie auswählen" den Bereich „Statistik" auswählen. Es erscheint eine lange Liste, in der die Funktion T.TEST ausgewählt wird (Abb. 4.2). Nach Bestätigung mit „OK" erscheint die *t*-test Dialogfeld (Abb. 4.3).

Für die Durchführung werden 4 Angaben benötigt. Die beiden Datensätze (Einzelwerte) sowie die Angabe zu der Anzahl der Seiten und dem Typ.

Tab. 4.1 Ergebnisse der Gewichtsmessung (in Gramm) von Kontrollgruppe und Hormontherapie-Gruppe

Tier	Hormontherapie-Gruppe	Kontrollgruppe
1	300,8	321,6
2	312,2	325,8
3	284,9	317,1
4	295,1	330,4
5	307,0	318,9
6	291,7	310,9
Mittelwert	298,6	320,8
SD	10,1	6,8

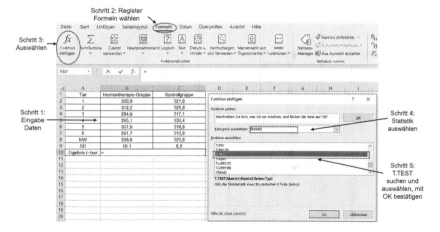

Abb. 4.2 Auswahl der Funktion T.TEST in MS Excel

Als erstes geben wir die Datensätze ein. Hierzu klicken wir auf den Pfeil neben dem Feld „Matrix1" und tragen entweder händisch die Zellen ein (hier B2:B7) oder markieren mit dem Cursor alle Zellen der Hormontherapie-Gruppe, die Einzelwerte enthalten. Der Mittelwert wird nicht berücksichtigt. Danach klicken wir den Pfeil und tragen den zweiten Datensatz (Kontrollgruppe) im Feld „Matrix2" mit der gleichen Abfolge ein. Danach tragen wir nacheinander in die Felder „Seiten" und „Typ" eine 2 ein. Wir kommen gleich dazu, was die Begriffe Seiten und Typ bedeuten. Das Ergebnis (p-Wert) wird bereist vorab im Dialogfeld angezeigt.

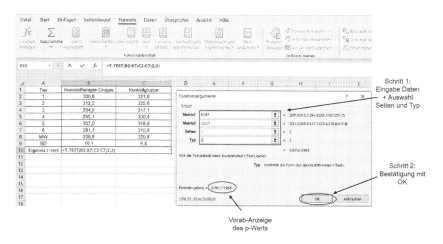

Schritt 1:
Eingabe Daten
+ Auswahl
Seiten und Typ

Schritt 2:
Bestätigung mit
OK

Vorab-Anzeige
des p-Werts

Abb. 4.3 Durchführung des t-Tests

Nach der Bestätigung mit „OK" verschwindet das Dialogfeld und es erscheint der p-Wert in der vorher ausgesuchten Zelle.

In diesem Fall beträgt der p-Wert $\approx$ 0,001. Der p-Wert ist kleiner als 0,05 und damit signifikant (da auch kleiner als 0,01, wird das Ergebnis sogar hochsignifikant genannt). Das ist unser Wunschergebnis, da wir zeigen wollten, dass die Hormontherapie eine signifikante Gewichtsabnahme verursacht. Letztlich hatten wir Glück, dass wir dieses Ergebnis erzielt haben, da wir seit Kap. 3 wissen, dass wir keine ausreichend großen Stichproben geprüft haben. In diesem Fall ist die Effektstärke von 22,2 g größer als die Effektstärke von 10 g, die wir als geringsten relevanten Unterschied definiert haben. Sofern die Effektstärke geringer ausgefallen wäre, hätten wir den positiven Effekt des Hormons vielleicht übersehen.

Abschließend müssen noch die Begriffe Seiten und Typ erklärt werden, da diese Auswahl z. T. erheblichen Einfluss auf den berechneten p-Wert hat. Wenn uns die Vorerfahrung fehlt und wir nicht sicher sind, in welche Richtung das Ergebnis ausfällt (obwohl wir hoffen, dass das Gewicht der Ratten in der Hormontherapie-Gruppe niedriger ist), wählen wir 2 (für zwei Seiten der Verteilung). Das hat den Grund, dass die experimentelle Gruppe, die gegen die Kontrollgruppe verglichen wird, entweder höher, gleich oder niedriger ausfallen kann. Wenn durch Vorversuche oder umfangreiche Literaturrecherche klar ist, dass der Effekt nur in eine Richtung gehen kann, wird in dem Feld „Seiten"

1 ausgewählt. Das ist z. B. der Fall, wenn wir den Effekt von Hitze (90 °C für 1 min) auf die Anzahl lebender Bakterien in einer Suspension prüfen. Die Anzahl kann nur geringer werden (oder konstant bleiben, sofern die Bakterien hitzeresistent sind), aber nicht zunehmen. Aus diesem Grund würde hier 1 für „Seiten" ausgewählt werden.

Der Begriff „Typ" ist etwas komplizierter. Es werden drei Typen unterschieden (Tab. 4.2). Typ 1 steht für gepaarte Stichproben, d. h. wenn sich dieselben Untersuchungseinheiten (Menschen, Tiere, Testproben) in beiden Gruppen finden. Die Typen 2 und 3 stehen für sog. ungepaarte Stichproben, also wenn sich z. B. in beiden Gruppen unterschiedliche Personen/Tiere/Proben befinden, die nicht viel miteinander zu tun haben. Die Auswahl von Typ 2 und 3 kann nicht mit dem Auge getroffen werden. Die richtige Auswahl kann mit dem F-Test bestimmt werden. Dieser (als Funktion „F.TEST" in der gleichen Liste zu finden wie der „T.TEST") vergleicht die Varianz (Varianz ist die quadrierte SD) der beiden Gruppen. Das Ergebnis ist ebenfalls ein p-Wert, der mit dem kritischen Wert von 0,05 verglichen wird. Leider kann aufgrund des Umfangs dieses essentials kein Beispiel gegeben werden, jedoch ist die Durchführung noch einfacher, da nur die beiden

Tab. 4.2 Auswahlkriterien für den t-test „Typ"

Typ	Steht für	Bedeutung	Beispiel
1	Gepaarte Stichprobe	Die Messungen in beiden Gruppen stammen von den gleichen Untersuchungseinheiten	Beispiel: Analyse der Probenstabilität; 5 Röhrchen mit einem gelösten Arzneimittel werden jeweils direkt und nach 3 Tagen bei Raumtemperatur auf Gehalt geprüft. Da die gleichen Flüssigkeiten untersucht wurden (direkt vs. 3 Tage) und sich jede Flüssigkeit in beiden Gruppen wiederfindet, sind die Stichproben gepaart
2	Stichproben mit gleicher Varianz	Sofern beide Datensätze eine ähnliche Streuung (SD) aufweisen	Das Beispiel aus Tab. 4.1
3	Stichproben mit ungleicher Varianz	Sofern die Datensätze eine stark unterschiedliche Streuung (SD) aufweisen	Datensätze aus Tab. 2.3

Datengruppen eingegeben werden müssen. Das Ergebnis des F-Tests für die Daten aus Tab. 4.1 ist $\approx 0{,}41$ und damit größer als 0,05, d. h. nicht signifikant. Deshalb war die Auswahl von Typ 2 in diesem Kapitel korrekt. Sofern das Ergebnis des F-Tests $\leq 0{,}05$ wäre, würden sich die Varianzen signifikant unterscheiden (= Auswahl t-Test für Stichproben ungleicher Varianzen und damit Typ 3).

Grundsätzlich sollte der t-test zum Einsatz kommen, wenn nach Unterschieden gesucht wird. Wenn das Ziel der Analyse der Nachweis der Vergleichbarkeit ist, sollten Äquivalenztests zum Einsatz kommen (Dixon et al. 2018; Vogel 2020a). Abschließend noch ein wichtiger Hinweis: Viele setzen **statistisch signifikant** gleich **klinisch relevant.** Das ist falsch. Hypothesentests wie der t-**test** stehen seit langer Zeit in Kritik, da sie fast schon etwas artifizielles messen. Die Signifikanzniveaus sind durch Konventionen etabliert worden und stehen eben nicht für eine wissenschaftliche Naturkonstante. Der t-test kann deshalb auch z. T. skurrile Ergebnisse erbringen, z. B. hochsignifikante Unterschiede bei Mittelwerten, die fast identisch sind (sofern keine Variation in den Gruppen auftritt), und denen keine klinische oder biologische Bedeutung zugemessen werden würde. Aus diesem Grund werden häufig Konfidenzintervalle zur Beurteilung der Daten empfohlen (du Prel et al. 2009; Ranstam 2012).

4.2 ANOVA

Die **ANOVA** ist quasi der „große Bruder" des t-tests. Hinter dem Namen verbirgt sich **An**alysis **o**f **va**riances. Der Name ist in diesem Zusammenhang etwas irreführend, da wir hier nicht primär die Varianzen untersuchen wollen, sondern die ANOVA zum Vergleich des Mittelwerts unserer Gruppen einsetzen. Die ANOVA kommt dann zum Einsatz, wenn wir mehr als zwei Gruppen haben. Auch hier gilt der Grundsatz, dass die Gruppen eine homogene Varianz haben müssen (Thiese et al. 2015; Weissgerber et al. 2018). Erweitern wir unser Beispiel der Laborratten um zwei weitere Gruppen (Tab. 4.3). Neben der Kontrollgruppe gibt es drei Gruppen mit zunehmender Menge des Hormons (100 µg – 500 µg). Wir möchten nun wissen, ob zwischen einer dieser Gruppen ein **statistisch signifikanter Unterschied** besteht. Intuitiv neigen viele den t-**test** wiederholt einsetzen, um jede Gruppe miteinander zu vergleichen. Das ist der Tat möglich, jedoch erhöht sich hierdurch die Wahrscheinlichkeit, dass fälschlicherweise ein signifikanter Unterschied festgestellt wird (Kim 2017).

MS Excel enthält Funktionen zur Berechnung einer **ANOVA.** Diese ist Teil des Analyse Add-Ins, das erst aktiviert werden muss. Die Aktivierung erfolgt im Menüband im Reiter „Start" ganz unten in den Optionen. Hier wechseln wir in

Tab. 4.3 Datensätze zur Analyse mittels ANOVA

	Gruppe 500 µg	Gruppe 250 µg	Gruppe 100 µg	Kontrollgruppe
1	300,8	303,0	297,3	321,6
2	312,2	298,5	300,1	308,8
3	284,9	305,4	296,8	317,1
4	295,1	295,2	311,0	330,4
5	307,0	316,9	314,3	321,9
6	291,7	291,4	291,4	304,9
Mittelwert	298,6	301,7	301,8	317,5
SD	10,1	9,0	8,9	9,4

der linken Leiste auf Add-Ins und wählen die Analyse-Funktion mit „Los" und „OK" aus. Es öffnet sich ein neues Fenster, in dem wir ein Häkchen bei den Analyse-Funktionen setzen und wieder mit „OK" bestätigen (Abb. 4.4).

Diese sind nach Aktivierung im Menüband im Reiter „Daten" ganz rechts verfügbar. Wenn wir die Datenanalyse klicken, öffnet sich ein neues Fenster mit einer Liste von statistischen Funktionen. Wir wählen die erste Funktion „Anova: **Einfaktorielle Varianzanalyse**" (**Abb. 4.5**) und bestätigen mit „OK".

Es erscheint ein neues Dialogfeld (4.6). Im Eingabebereich werden die Einzelwerte (nicht die Mittelwerte) aller Gruppen eingetragen (mit dem Cursor eine

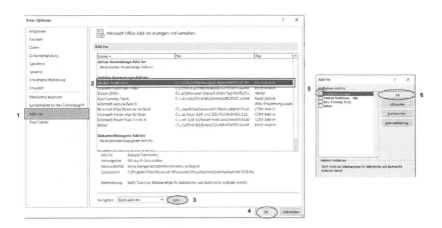

Abb. 4.4 Aktivierung des Add-Ins Analyse-Funktionen

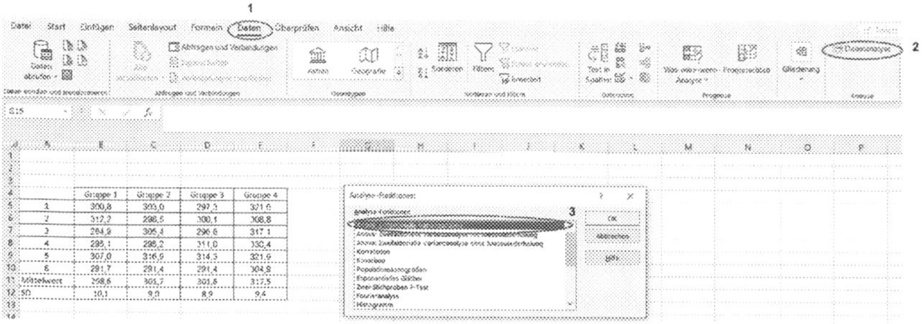

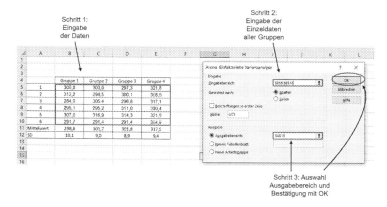

Abb. 4.5 Auswahl der ANOVA-Funktion

Box ziehen), lassen „Alpha" bei 0,05 und definieren ggfs. einen Ausgabebereich
(ansonsten öffnet sich das Ergebnis in einem neuen Arbeitsblatt der Datei) und
bestätigen erneut mit OK (Abb. 4.6).

Der Ergebnisbericht ist sehr umfangreich. Für uns ist der p-Wert relevant,
der gerundet 0,01 beträgt. Dieser ist kleiner als 0,05. Damit liegt ein statistisch signifikanter Unterschied vor. Leider gibt die **ANOVA** keine Auskunft
darüber, zwischen welchen Gruppen der Unterschied existiert (Kim 2017). Da alle
Hormontherapie-Gruppen ein ähnliches Ergebnis aufweisen, könnten sich alle drei
Gruppen signifikant von der Kontrollgruppe unterscheiden. Für die Beantwortung
dieser Frage gibt es Anschlusstests, sog. **Post-hoc Tests** wie den Tukey–Kramer

Abb. 4.6 Durchführung der ANOVA

15	Anova: Einfaktorielle Varianzanalyse				
16					
17	ZUSAMMENFASSUNG				
18	Gruppen	Anzahl	Summe	Mittelwert	Varianz
19	Spalte 1	6	1791,7	298,6166667	101,5816667
20	Spalte 2	6	1810,4	301,7333333	80,99866667
21	Spalte 3	6	1810,9	301,8166667	79,43766667
22	Spalte 4	6	1904,7	317,45	87,435
23					
24					
25	ANOVA				
26	Streuungsursache	Quadratsummen (SS)	Freiheitsgrade (df)	Mittlere Quadratsumme (MS)	Prüfgröße (F)	P-Wert	Kritischer F-Wert
27	Unterschiede zwischen den Gruppen	1299,104583	3	433,0348611	4,956716481	0,009850421	3.098391212
28	Innerhalb der Gruppen	1747,265	20	87,36325			
29					
30	Gesamt	3046,369583	23		

Abb. 4.7 Ergebnisbericht nach durchgeführter ANOVA

Test (McHugh 2011). Leider würde die Vorstellung dieses Tests den Rahmen dieses essentials sprengen.

Zusammenhänge erkennen und bewerten und Vertrauensintervalle

5

5.1 Lineare Regression und Korrelation

Häufig stellt sich die Frage, ob es einen **Zusammenhang** zwischen Merkmalen gibt. In diesem Fall interessieren wir uns nicht für den Unterschied der Mittelwerte zwischen Kontrollgruppe und Testgruppe (z. B. Hormontherapie-Gruppe), sondern wir möchten wissen, ob die Änderung einer Größe mit einer Änderung der anderen Größe einhergeht. Diese Zusammenhänge gibt es häufig, sowohl im Labor als auch im Alltag. Wenn wir mit dem Auto (ohne Verkehr und Ampeln) einen bestimmten Streckenabschnitt mit unterschiedlichen Geschwindigkeiten, z. B. 60, 80, 100 und 120 km/h fahren, werden wir umso schneller ankommen, je schneller wir fahren. In diesem Fall gibt es einen Zusammenhang zwischen der Fahrgeschwindigkeit und der benötigten Fahrzeit. Ein Beispiel aus dem Labor ist die Enzymaktivität und die Inkubationstemperatur. In einem gewissen Temperaturfenster wird die Enzymaktivität umso höher sein, je höher die Temperatur ist. Bei solchen Zusammenhängen gibt es eine **x-Variable** und eine **y-Variable.** Die x-Variable (auch unabhängige Variable genannt) ist die Größe, die wir gezielt ändern, um den Effekt auf die y-Variable zu prüfen. Die y-Variable wird auch abhängige Variable genannt, da diese sich (sofern ein Zusammenhang existiert) in Abhängigkeit der Ausprägung der x-Variable verändert. Zum Beispiel ist beim Autofahren die Geschwindigkeit die x-Variable und die Fahrzeit die y-Variable, d. h. in Abhängigkeit von der Geschwindigkeit (x-Variable) verändert sich die Fahrzeit (y-Variable). Bei dem Beispiel der Enzymaktivität ist die Temperatur die x-Variable und die Enzymaktivität die y-Variable.

Dieses Konzept lässt sich auf sehr viele Beispiele aus dem Laboralltag anwenden, z. B.

P. Vogel et al., *Laborstatistik für technische Assistenten und Studierende,* essentials, https://doi.org/10.1007/978-3-658-33207-5_5

- Das Signal einer Hochdruckflüssigkeitschromatographie (HPLC) wird umso größer, je höher die Konzentration des Analyten ist (Analytkonzentration = x-Variable; Messsignal = y-Variable).
- Bei einer chemischen Reaktion wird die Menge an gebildetem Produkt um so größer sein, je höher die Reaktionstemperatur ist (Temperatur = x-Variable; Produktmenge = y-Variable).
- Das Gewicht von Versuchspersonen wird umso niedriger sein, je niedriger die tägliche Kalorienzufuhr ist (Kalorienzufuhr = x-Variable; Gewichtsverlust = y-Variable).
- Die Farbentwicklung (Signal) eines Immunoassays wie dem Enzylme-linked Immunosorbent Assay (ELISA) wird umso höher, je länger die Reaktion inkubiert wird (Inkubationszeit = x-Variable; Signal = y-Variable).
- Bei einem hitzeinstabilen Arzneimittel wird der Gehalt umso niedriger sein, je höher die Lagerungstemperatur ist (Temperatur = x-Variable; Gehalt = y-Variable).

Sofern wir die Unterschiede der Variablen (Zeit, Menge, Temperatur etc.) außer Acht lassen, sehen wir trotzdem Unterschiede. Zusammenhang bedeutet nicht automatisch „je mehr, desto mehr". Es kommt z. B. auch „je mehr, desto weniger" vor. In dem Fall, dass eine Erhöhung der **x-Variable** (z. B. Temperatur) eine Erhöhung der **y-Variable** (z. B. Menge an Produkt) bewirkt, spricht man von einem **positiven Zusammenhang.** Wenn die Erhöhung der x-Variable (z. B. Lagerungstemperatur) zu einer Abnahme der y-Variable (Arzneimittelgehalt) führt, spricht man von einem **negativen Zusammenhang.**

Ein wichtiger Punkt ist, dass wir andere Faktoren konstant halten. Wenn Versuchspersonen, die mehr Kalorien erhalten, mehr Sport treiben als andere, dann wäre es nicht verwunderlich, wenn das Gewicht am Ende des Versuchs keinen Unterschied aufweist. Genauso verhält es sich z. B. mit Arzneimitteln und der Lagerungstemperatur. Sofern der Gehalt des Arzneimittels zusätzlich lichtsensitiv ist, würden wir eventuell einen **Zusammenhang** übersehen, wenn einige Proben im Dunklen, andere bei Tageslicht gelagert werden. Häufig haben noch mehr Faktoren einen Einfluss auf bestimmte Eigenschaften. Sofern wir die anderen Bedingungen nicht gut kontrollieren, wird es schwer sein einen Zusammenhang zu erkennen.

Der einfachste Fall ist, dass der **Zusammenhang linear** ist. Das bedeutet, dass sich bei Änderung der **x-Variable** um einen bestimmten Betrag auch die **y-Variable** um einen bestimmten Betrag ändert. Nehmen wir die Bestimmung der Proteinkonzentration in einer Lösung. In diesem Beispiel möchten wir die Menge

Tab. 5.1 Ergebnisse einer Überprüfung eines Zusammenhangs zwischen Temperatur und Farbentwicklung

Gruppe	Temperatur [°C] (x-Variable)	Farbentwicklung (optische Dichte bei festgelegter Wellenlänge) (y-Variable)
1	5	0,8
2	10	1,0
3	15	1,2
4	20	1,4
5	25	1,6

an Proteinen in der Lösung ermitteln. Dazu geben wir zu der Testprobe eine farblose Lösung mit einer chemischen Komponente, die an Proteine bindet. Bei dieser Bindung entsteht ein blaue Farbreaktion, die umso stärker ist, je höher die Proteinkonzentration ist. Wir pipettieren alle Komponenten zusammen und inkubieren die Reaktion für eine Minute. Danach wird die Intensität der Farbentwicklung (als optische Dichte oder OD) in einem Photometer bei einer festgelegten Wellenlänge (z. B. 600 nm) gemessen. Wir führen nicht nur eine einfache Messung durch, sondern interessieren uns für einen möglichen **Zusammenhang** zwischen der Inkubationstemperatur und der resultierenden Farbentwicklung. Dazu machen wir fünf Reaktionsansätze mit der gleichen Testprobe, die alle bei verschiedenen Temperaturen (5 °C – 25 °C) inkubiert werden. Im Anschluss messen wir die Intensität der Farbentwicklung für alle Ansätze in einem Photometer. Wir sehen, dass die Intensität der Farbentwicklung umso größer ist, je höher die Inkubationstemperatur ist (Tab. 5.1).

Um den **Zusammenhang** zu überprüfen, stellen wir die Wertepaare grafisch dar. Auf der horizontalen **x-Achse** wird die Temperatur abgebildet, auf der vertikalen **y-Achse** die Farbentwicklung. Die blauen Punkte spiegeln die Wertepaare aus Tab. 5.1 wider (Abb. 5.1).

Im nächsten Schritt versuchen wir, den Zusammenhang durch eine Linie darzustellen. In diesem Beispiel ist es einfach, da wir eine gerade Linie ziehen können, die durch alle Datenpunkte geht (Abb. 5.2). Diese Linie wird **Regressionsgerade** genannt. Ein wichtiger Aspekt der Regressionsgeraden ist ihre **Steigung**. Damit ist gemeint, um wie viel sich die y-Variable (hier Farbentwicklung ausgedrückt in optischer Dichte) verändert, sofern sich die x-Achse um einen bestimmten Betrag (hier °C) ändert. Bei **linearen Zusammenhängen** bleibt die Steigung gleich, egal an welcher Stelle der Regressionsgeraden wir das „Dreieck" anlegen (Abb. 5.2).

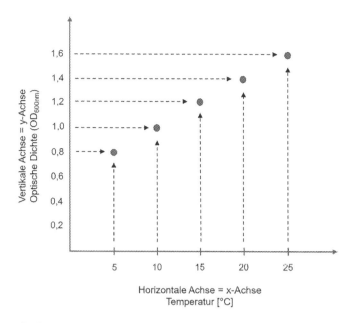

Abb. 5.1 Grafische Darstellung der Wertepaare in einem Koordinatensystem

Der zweite Aspekt der Regressionsgeraden ist der **Schnittpunkt** mit der y-Achse. Sofern wir die Linie bis zur vertikalen Achse ziehen würden, würden wir in diesem Beispiel die y-Achse bei 0,6 OD_{600nm} schneiden.

Diese beiden Größen, die **Steigung** und der **Schnittpunkt** mit der y-Achse, finden sich in der Regressiongleichung.

Formel: $y = 0{,}04x + 0{,}6$

Das bedeutet einfach ausgedrückt, wenn wir bei 0 °C starten, ist das Ergebnis 0,6 OD_{600nm}. Für jeden °C mehr, mit dem wir die Reaktion inkubieren, steigt das Ergebnis um 0,04 OD_{600nm}. Die Absolutwerte der **y-Variablen** (Gehalt), die vorher aus der Abbildung visuell geschätzt wurden, können nun mithilfe der Formel berechnt werden. Sofern wir wissen möchten, wie hoch die optische Dichte bei 20 °C ist, setzen wir die 20 in die **Regressionsgleichung** ein.

$y = 0{,}04 * 20 + 0{,}6 = 0{,}8 + 0{,}6 = 1{,}4$

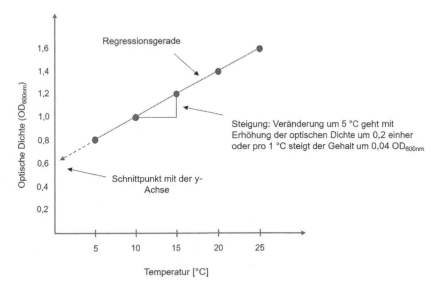

Abb. 5.2 Einfügen einer Geraden durch die Datenpunkte und Berechnung der Steigung

Dieses Ergebnis stimmt mit der Grafik überein (Abb. 5.2). Die **lineare Regression** lässt sich mit Hilfe von MS Excel sehr einfach erstellen. Zunächst werden die Wertepaare aus Tab. 5.1 in Spalten eingetragen, mit dem Cursor die beiden Spalten als Block markiert, und unter „Einfügen" und „Punktdiagramme" das einfache Punktdiagramm ausgewählt (Abb. 5.3).

Hierdurch wird automatisch eine Abbildung erstellt, die bereits die Datenpunkte enthält (Abb. 5.4). Im nächsten Schritt lassen wir die **Regressionlinie** anzeigen, die in Excel „Trendlinie" genannt wird. Dazu wird der Cursor genau über einen der blauen Datenpunkte gehalten, mit rechtem Mausklick die Formatierungsoptionen geöffnet und „Trendlinie hinzufügen" ausgewählt (Abb. 5.4). Es wird eine blaue Regressionslinie angezeigt.

Weiterhin können wir die **Regressionsgleichung** und eine weitere Maßzahl anzeigen lassen, das **Bestimmtheitsmaß.** Dazu müssen wir den Cursor genau auf einer Stelle der Regressionsgerade positionieren und mit rechtem Mausklick öffnen sich die Formatierungsoptionen. Hier setzen wir über einen linken Mausklick ein Häkchen bei „Formel im Diagramm anzeigen" und „Bestimmtheitsmaß im Diagramm darstellen". Diese erscheinen nun in einem Kästchen oben rechts in

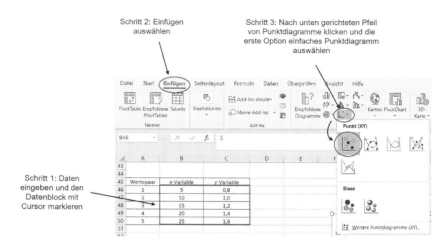

Abb. 5.3 Erstellen eines einfachen Punktdiagramms mit MS Excel

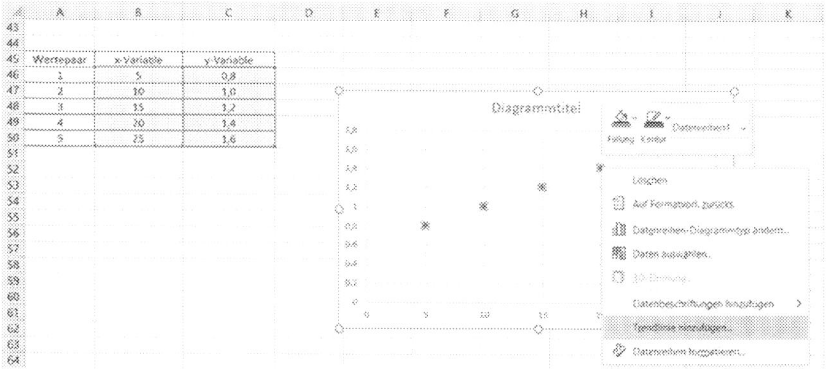

Abb. 5.4 Schritte zum Anzeigen der Regressionslinie

der Abbildung. Die **Regressionsgleichung** kennen wir bereits. Das Bestimmtheitsmaß R^2 ist neu und wird im Anschluss besprochen.

Sofern wir weitere Anpassungen (z. B. Achsenbeschriftung wie in Kap. 2 beschrieben) vornehmen, kommen wir zum Resultat (Abb. 5.6). Die **Regressionsgleichung** ist identisch mit derjenigen, die wir aus den Werten zuvor abgeleitet haben.

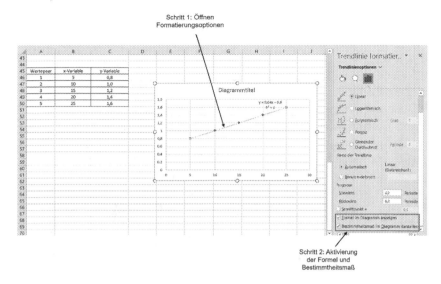

Abb. 5.5   Schritte zum Anzeigen der Regressionsgleichung und Bestimmtheitsmaß

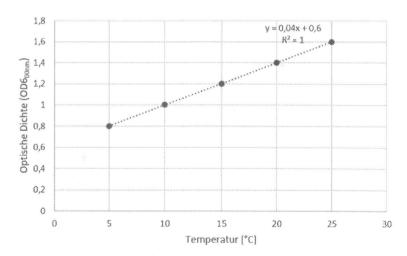

Abb. 5.6   Lineare Regression sowie Bestimmtheitsmaß R^2

Sofern kein **Zusammenhang** besteht, bleibt die **y-Variable** konstant. Ein Beispiel wäre ein Arzneimittel, dessen Gehalt innerhalb eines begrenzten Temperaturbereichs stabil bleibt. Sofern wir das Arzneimittel bei 5 verschiedenen Temperaturen lagern und anschließend den Gehalt bestimmen, sehen wir eine annähernd horizontale Linie. Dies bedeutet, dass trotz Veränderung der x-Variable (Temperatur) keine Veränderung der y-Variable (Gehalt) auftritt.

Während die **Regression** den **Zusammenhang** quantifiziert und wir hiermit für jeden erdenklichen Wert der x-Variable (z. B. Temperatur) den entsprechenden Wert der y-Variable (z. B. Gehalt des Arzneimittels) berechnen können, erlaubt das **Bestimmtheitsmaß** eine Aussage über die Stärke des Zusammenhangs. Das wird auch **Korrelation** genannt. Für die Korrelation werden zwei verschiedene Größen verwendet, entweder der Korrelationskoeffizient r oder das Bestimmtheitsmaß R^2. Die beiden stehen im direkten Zusammenhang miteinander. Das Bestimmtheitsmaß erhält man durch Quadrieren (mit sich selbst multiplizieren) des **Korrelationskoeffizienten r.** Ein r von 0,99 ergibt ein R^2 von 0,98 (0,99 × 0,99 = 0,98) Beide werden im Laboralltag häufig verwendet. Der Korrelationskoeffizient r nimmt Werte zwischen -1 und + 1 ein. Ein Wert von -1 steht für eine starke negative Korrelation, während ein Wert von + 1 einen starken positiven Zusammenhang anzeigt. Ein Wert um 0 steht dafür, dass kein Zusammenhang zwischen den Variablen existiert. Das Bestimmtheitsmaß ist das Quadrat von r und nimmt nur Werte zwischen 0 (kein Zusammenhang) und 1 (starker ZusammenhangI ein, da negative Werte von r mit sich selbst multipliziert immer einen positiven Wert ergeben (Doğan 2018).

Der **Korrelationsrechnung** von MS Excel beruht auf den **Pearson-Korrelationskoeffizient** und findet sich auch häufig in anderen Statistik-Programmen. Dieser ist eine wichtige Größe, da Labordaten nicht immer wie in Abb. 5.2 exakt auf einer Linie liegen. Eine gut standardisierte Hochdruckflüssigkeitschromatographie (HPLC) mag in der Kalibrierkurve (die nichts anderes ist als eine **Regressionskurve**) einen R^2 von 0,99 oder höher ergeben. Bei Betrachtung der einzelnen Wertepaare (bekannte Konzentration vs. Messsignal) werden hier die Datenpaare entweder auf der Regressionsgeraden bzw. dicht daneben liegen, ähnlich wie in der Beispielsabbildung 5.2. Bei einem bestimmten Typ von Immunoassay, dem Enzyme-linked Immunosorbent Assay (ELISA) mag die Standardkurve bereits bei R^2 von $\geq 0,95$ ausreichend gut sein und bei anderen biologischen Testsystemen zur Analyse von Stammzellpräparaten sind vielleicht bereits Werte für r^2 von 0,90 oder sogar niedriger bereits zufriedenstellend. Für diese Fälle ist es auch charakteristisch, dass die einzelnen Daten häufig stärker von der gemittelten **Regressionsgerade** abweichen. Zum Beispiel haben die Daten in Abb. 5.7 eine ähnliche **Steigung** und **y-Achsenschnittpunkt** wie das

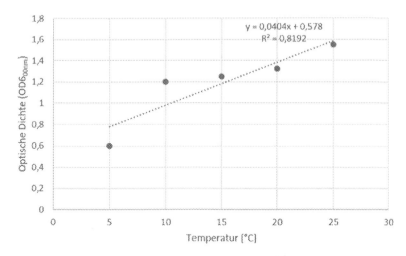

Abb. 5.7 Beispiel für eine größere Streuung der Daten bei der Analyse eines Zusammenhangs

Beispiel aus Abb. 5.6, jedoch ist das **Bestimmtheitsmaß R^2** deutlich niedriger (Abb. 5.7). In diesem Fall lässt sich die Änderung der y-Variable teilweise, aber nicht vollständig durch Änderungen der x-Variable erklären. Wichtig ist es sich zu merken, dass niedrige Werte für r oder R^2 sehr vorsichtig interpretiert werden sollten, da alleine die Variabiliät der Messung uns zufällig einen Zusammenhang „vorgaukeln" könnte, der in Wirklichkeit gar nicht existiert.

Man sollte grundsätzlich vorsichtig sein, den **Zusammenhang** automatisch auch für Bereiche anzunehmen, die über oder unter dem experimentell bestimmten Messbereich liegen. Dieses Vorgehen wird **Extrapolation** genannt. Es gibt Fälle, in denen der Zusammenhang tatsächlich über einen weiten Bereich linear ist. Auf der anderen Seite gibt es Beispiele, in denen dies eben nicht der Fall ist. Nehmen wir die Dosis-Signal-Antwort einer typischen ELISA-Methode im Labor, mit der wir die Menge an spezifischen Antikörpern bestimmen wollen. Bei sehr niedrigen bzw. hohen Konzentrationen ist der Zusammenhang nicht linear, d. h. bei sehr niedrigen Probenmengen führt eine Erhöhung der Probenmenge (x-Variable) erst nicht zu einem Anstieg des Signals (y-Variable). Innerhalb des **linearen Bereichs** verhält sich der Zusammenhang proportional, d. h. eine Erhöhung der Probenmenge führt zu einem proportionalen Anstieg des Messsignals. Bei sehr hohen Probenmengen ist die Reaktion gesättigt, d. h. eine weitere Erhöhung der Probenmenge bewirkt keine Änderung des Signals mehr (Abb. 5.8).

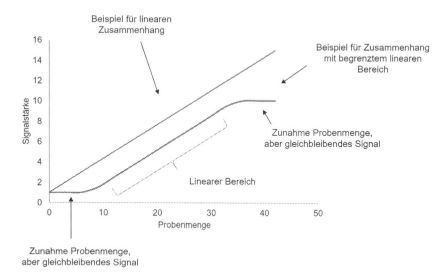

Abb. 5.8 Beispiele für lineare und sigmoide Zusammenhänge

Solche Kurven nennt man sigmoid. Wichtig ist, dass in solchen Fällen auf keinen Fall extrapoliert wird. D. h. wenn unsere Standardkurve einen Signalbereich von z. B. 2 – 9 Einheit X abdeckt, sollten Testproben, die einen Wert von 12 ergeben, nicht in eine Probenmenge umgerechnet werden, da dieser Wert außerhalb unserer Standardkurve liegt. Stattdessen sollte die Testprobe so weit verdünnt werden, dass die Probenkonzentration im linearen Bereich liegt. Im pharmazeutischen Bereich wird dies durch eine vorherige Methodenvalidierung ermittelt, innerhalb derer bei quantitativen Analysen auch der lineare Bereich nachgewiesen wird (Vogel 2020b). Im akademischen Bereich kann dies durch Vormessungen erfolgen, anhand derer eine geeignete Probenverdünnung festgelegt wird.

Wichtig ist außerdem zu merken, dass nicht jeder **Zusammenhang** zwischen Merkmalen linear ist, also gleichbleibend ist. Es gibt z. B. auch Zusammenhänge, die sich exponentiell verhalten. Das bedeutet, dass bei Zunahme der **x-Variable** sich die **y-Variable** nur langsam verändert, ab einem bestimmtem Punkt allerdings kleinste Veränderungen der x-Variable zu einem starken Anstieg der y-Variable führen. Zusätzlich gibt es weitere mögliche Zusammenhänge. Häufig hilft es bei ganz neuen Daten, die sich visuell nicht perfekt linear verhalten, die verschiedenen Optionen (z. B. linear oder logarithmisch) durchzutesten (Abb. 6.5) und das resultierende R^2 miteinander zu vergleichen.

5.2 Vertrauensintervalle

Wenn wir das Gewicht einer Reihe von Laborratten ermitteln und den **Mittelwert** berechnen, dann muss klar sein, dass dies das Ergebnis dieser einen Versuchs- reihe ist. Ein erneuter Versuch mit anderen Tieren würde wahrscheinlich nicht zu identischen Ergebnissen führen. Gründe hierfür sind vielfältig, und könnten durch individuelle Unterschiede der Untersuchungseinheiten bedingt sein. Bei der Analyse von anderen Testproben können auch leichte Unterschiede der Proben- nahme, -lagerung oder -vorbereitung und gewisse Schwankungen der verwendeten Messmethode diesen Effekt bewirken. Der Mittelwert wird in vielen Fällen bei Wiederholung des Versuchs höher oder niedriger ausfallen. Aber welcher Wert ist dann der Richtige? Können wir unseren Messungen überhaupt trauen, wenn das Ergebnis mal so, mal so ausfällt? Ja, das können wir, vorausgesetzt, wir hören auf, uns an Absolutwerte zu klammern. Der Absolutwert (z. B. exakter Mittelwert) ist anhand der **Stichprobe** gemessen worden. Wir interessieren uns aber vielmehr für den Wert der **Population,** also den wahren Wert dieses Merkmals (hier Gewicht), der anhand der Stichprobe geschätzt wird. Da die exakten Messwerte von ver- schiedenen Stichproben Unterschiede aufweisen, müssen wir für den Mittelwert der Population einen Bereich berechnen, der mit hoher Wahrscheinlichkeit den wahren Wert enthält.

Die Antwort auf diese Herausforderung geben **Vertrauensintervalle,** auch **Konfidenzintervalle** genannt. Vertrauensintervalle sind Ergebnisbereiche, die etwas grob gesagt (später dazu mehr) mit einer gewissen Wahrscheinlichkeit den wahren Wert einer Population enthalten. Es werden bei Konfidenzinterval- len verschiedene **Konfidenzniveaus** unterschieden. Dies bezieht sich auf die Wahrscheinlichkeit, mit der das Konfidenzintervall auch wirklich den Mittel- wert enthält. Gewöhnlich sind 90 %, 95 % und 99 % Konfidenzintervalle. 99 % Konfidenzintervalle sind bei Analyse der gleichen Daten breiter als die anderen Typen, da wir möglichst sicher sein wollen, dass das berechnete Konfidenzinter- valle den wirklichen **Mittelwert** enthalten. Bei den anderen ist unsere Schätzung des Mittelwerts präziser (das Intervall mit dem möglichen Gewicht wird schmal- ler), dies geht aber mit einer höheren Fehlerwahrscheinlichkeit einher (Abb. 5.9). Die Prozentangaben ergeben sich aus der Irrtumswahrscheinlichkeit. Bei einer **Irrtumswahrscheinlichkeit** von 1 % ($\alpha = 0{,}01$) erhalten wir ein 99 % Konfi- denzintervall ($1 - \alpha = 1 - 0{,}01 = 0{,}99$). Genauso verhält es sich mit 95 % ($1 - 0{,}05 = 0{,}95$) und 90 % ($1 - 0{,}10 = 0{,}90$) Konfidenzintervallen. Das 95 % Konfidenzintervall ist in Laboren vermutlich am häufigsten im Einsatz.

Wir steigen gleich ein mit den Gewichtsdaten der Laborratten. Wir interes- sieren uns hier für das Gewicht von Kontrolltieren, also Tieren, die nicht die

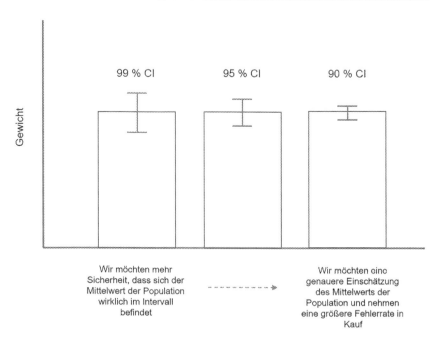

Abb. 5.9 Zusammenhang zwischen Breite eines Konfidenzintervalls und dem Konfidenzniveau

Hormontherapie enthalten. Dazu messen wir das Gewicht von 50 Tieren. Das **Durchschnittsgewicht** der Kontrolltiere beträgt in diesem Fall 300 g mit einer **SD** von 15 g (Tab. 5.2).

Zur Berechnung des **Vertrauensintervalls** steht eine Excel-Funktion zur Verfügung. Dazu geben wir die genannten Daten in ein Arbeitsblatt ein, wechseln im Menü auf „Formeln", und wählen „Weitere Funktionen" aus. Im Anschluss

Tab. 5.2 Stichprobe von 50 Ergebnissen mit Mittelwert und SD (beide in g)

Kennwert	Ergebnis
Anzahl Einzelwerte (n)	50
Mittelwert	300
SD	15

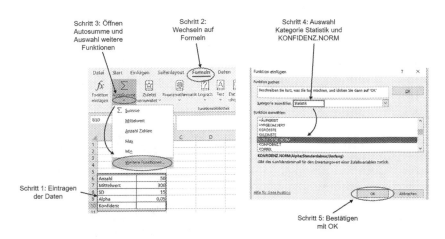

Abb. 5.10 Auswahl der MS Excel-Funktion KONFIDENZ.NORM

wählen wir als Kategorie Statistik, suchen und markieren die Funktion **KON-FIDENZ.NORM** (in älteren Excel-Versionen nur KONFIDENZ genannt) und bestätigen mit OK (Abb. 5.10).

Für die Berechnung eines **95 % Konfidenzintervall** wird für alpha 0,05 gewählt. Zusätzlich müssen die **SD** und die Anzahl der Messungen (genannt Umfang) eingetragen werden. Nach Bestätigung mit „OK" erscheint das Ergebnis von 4,2 in der zuvor ausgewählten Zelle (Abb. 5.11).

Das Ergebnis ist gerundet 4,2. Dieser Wert wird vom **Mittelwert** abgezogen, um die Untergrenze des **95 % Konfidenzintervalls** zu berechnen (300 g – 4,2 g = 295,8 g) und zum Mittelwert addiert (300 g + 4,2 g = 304,2 g), um die Obergrenze zu ermitteln (Tab. 5.3).

Das Ergebnis sagt aus, dass mit einer Sicherheit von 95 % der wahre **Mittelwert** unserer Kontrollgruppe zwischen 295,8 g und 304,2 g liegt. In diesem Bereich wird kein Wert bevorzugt, der gesamte Bereich wird als möglich betrachtet. Damit sind wir jetzt recht unabhängig von Schwankungen zwischen verschiedenen Stichproben.

Bei der Bewertung müssen wir noch beachten, dass die Aussage „der wahre Wert liegt mit einer Wahrscheinlichkeit von 95 % in einem Bereich von 295,8 g und 304,2 g" nicht ganz korrekt ist. Im Grunde genommen sagt ein **95 % Konfidenzintervall** aus, dass sofern wir den Versuch 100-mal wiederholen, 95 der berechneten Konfidenzintervalle unseren Mittelwert umschließen würden (Greenland et al. 2016). Das ist etwas schwierig zu verstehen und zu vermitteln,

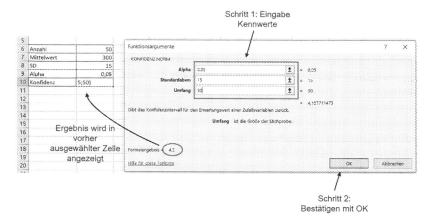

Schritt 1: Eingabe
Kennwerte

Ergebnis wird in
vorher
ausgewählter Zelle
angezeigt

Schritt 2:
Bestätigen mit OK

Abb. 5.11   Berechnung eines 95 % Konfidenzintervalls

Tab. 5.3 Stichprobe von 30 Ergebnissen und 95 % Konfidenzintervall

Wert	Ergebnis
Anzahl Einzelwerte	50
Mittelwert	300,0
SD	15,0
Konfidenz	4,2
Untergrenze 95 % Konfidenzintervall	295,8
Obergrenze 95 % Konfidenzintervall	304,2
95 % Konfidenzintervall	[295,8;304,2]

deswegen belassen wir es bei der Aussage, dass dieses Intervall mit für uns ausreichender Sicherheit den wahren Mittelwert der Kontrollgruppe enthält.

Es lassen sich auch **Konfidenzintervalle** für kleinere **Stichproben** berechnen, wie z. B. jeweils für die Ergebnisse der Kontrollgruppe und Hormontherapie-Gruppe (beide n = 6). Dazu wird die Excel-Funktion KONFIDENZ.T ausgewählt. Das resultierende Konfidenzintervall fällt etwas breiter aus, da sich kleinere Stichproben durch eine höhere Unsicherheit auszeichnen.

Die Breite von **Konfidenzintervallen** hängt insgesamt von 3 Faktoren ab

1. der Streuung der Messungen (SD)
2. der Anzahl der Messungen
3. dem gewählten Konfidenzniveau

Je größer die Schwankung (**SD**) der Messwerte ist, desto breiter wird das **Konfidenzintervall**. Auf der anderen Seite wird das Konfidenzintervall umso schmaler, je mehr Messungen durchgeführt werden. Das **Konfidenzniveau** hat wie bereits besprochen ebenfalls einen Einfluss.

Zusammenfassung

Laborstatistik – dieses Wort wirkt auf viele technische Assistenten und Studenten, aber auch selbst erfahrende Labormitarbeiter, häufig abschreckend. Die Schulmathematik ist lange her und man vermutet dahinter intuitiv eine Materie, die die eigene Vorstellungskraft weit übersteigt. In der Tat wirkt der Blick auf das Repertoire von **Statistik-Funktionen** vieler Programme einschüchternd. Es finden sich Begriffe wie Zeitreihenanalyse, Odds-Ratio, ANCOVA, multivariate Regressionsanalyse etc. In diesem Dschungel ist es wichtig zu wissen, dass eine Handvoll Funktionen bereits ausreichen, um viele **Labordaten** angemessen auswerten zu können. Selbst bei wissenschaftlichen Publikationen wird nur „mit Wasser gekocht". Eine Auswertung von wissenschaftlichen Artikeln in verschiedenen Fachjournalen ergab, dass die Leser*innen mit Kenntnis einer Handvoll statistischen Methoden, inklusive des Student's *t*-tests, mehr als 70 % der Auswertung aller Studien verstehen könnten (du Prel et al. 2010).

Der größte Vorteil an kommerziellen Computerprogrammen ist sicherlich die Tatsache, dass keine Formelkenntnis vorhanden sein muss. Nachdem die Daten in die Tabellen eingetragen sind, lassen sich diverse **statistische Funktionen** per Knopfdruck ausführen. Das ist für viele hilfreich, birgt aber auch das Risiko, dass die Anwender*innen unreflektiert Daten analysieren und zu falschen Schlüssen kommen.

Im Falle von **quantitativen Daten** ist es sehr oft das gleiche Vorgehen. Wenn wir Daten erheben, sollten wir eine angemessene Anzahl von Messungen durchführen. Die Basis ist danach häufig die **Beschreibung der Daten,** d. h. Lageparameter (z. B. Mittelwert) und Streuungsparameter (z. B. SD) sowie die grafische Darstellung. Diese einfachen Mittel helfen die eigenen Daten zu verstehen. Bevor Daten weiter ausgewertet werden, sollte man sich über

P. Vogel et al., *Laborstatistik für technische Assistenten und Studierende,* essentials, https://doi.org/10.1007/978-3-658-33207-5_6

die **Datenverteilung** bewusst sein. In der Folge bieten weiterführende **statisti-sche Methoden** die Möglichkeit, Datengruppen miteinander zu vergleichen oder Zusammenhänge zu erkennen.

Niemand wird sich durch die Lektüre von diesem essential zum Statistiker oder Biostatistiker aufschwingen können. Allerdings kann jeder durch Interesse und Motivation eine große Sicherheit bezüglich eines begrenzten Repertoires an **statistischen Methoden** aufbauen. Trotzdem, wenn es an kniffligere Aufgaben oder seltene statistische Analysen geht, sind diejenigen klar im Vorteil, die Zugriff auf den Rat von Statistikern oder Biostatistikern haben.

Was der Leser aus diesem *Essential* mitnehmen kann

- Statistische Berechnungen sind wichtig, um wesentliche Aussagen über bestimmte Merkmale zu machen.
- Der Start ist die Beschreibung von bestimmten Eigenschaften wie Mittelwert, Standardabweichung und die grafische Darstellung der Ergebnisse.
- Weiterführende Tests wie der *t*-test oder ANOVA können mit Hilfe von MS Excel-Funktionen leicht berechnet werden.
- Die Prüfung auf Ausreißer, Normalverteilung oder die Berechnung der Stichprobengröße lassen sich mit vergleichsweise einfachen Formeln berechnen.
- Zusammenhänge können durch Regression und Korrelation analysiert werden, während Konfidenzintervalle die Genauigkeit der Schätzung des Mittelwerts eingrenzen.

© Der/die Herausgeber bzw. der/die Autor(en), exklusiv lizenziert durch Springer Fachmedien Wiesbaden GmbH, ein Teil von Springer Nature 2021
P. Vogel et al., *Laborstatistik für technische Assistenten und Studierende,* essentials, https://doi.org/10.1007/978-3-658-33207-5

Literatur

Carley S, Lecky F (2003) Statistical consideration for research. Emerg Med J 20:258–62

Dixon PM, Saint-Maurice PF, Kim Y et al. (2018) A primer on the use of equivalence testing for evaluating measurement agreement. Med Sci Sports Exerc 50:837-845; doi: https://doi.org/10.1249/MSS.0000000000001481

Doğan NÖ (2018) Bland-Altman analysis: A paradigm to understand correlation and agreement. Turk J Emerg Med 18:139-141; doi: https://doi.org/10.1016/j.tjem.2018.09.001

du Prel JB, Hommel G, Röhring B et al. (2009) Confidence interval or p-value?: part 4 of a series on evaluation of scientific publications. Dtsch Arztebl Int 106:335-9; doi: https://doi.org/10.3238/arztebl.2009.0335

du Prel JB. Röhring B, Hommel G et al. (2010) Choosing statistical tests: part 12 of a series on evaluation of scientific publications. Dtsch Arztebl Int 107:343-8; doi: https://doi.org/10.3238/arztebl.2010.0343

US EPA (1997) Monitoring guidance for determining the effectiveness of nonpoint source controls. Appendix D: Statistical tables https://www.epa.gov/sites/production/files/2015-10/documents/monitoring_appendd_1997.pdf. Zugegriffen am 12.01.2021.

FDA (2019) Basic statistics and data presentation. https://www.fda.gov/media/73535/download. Zugegriffen am: 10.01.2021

Flachskampf FA, Nihoyannopoulos P (2018) Our obsession with normal values. Echo Res Pract 5:R17–R21; doi: https://doi.org/10.1530/ERP-17-0082

Georg-August Universität Göttingen (2020) https://www.sediment.uni-goettingen.de/staff/dunkl/software/o_l-help.html. Zugegriffen am: 07.01.2021.

Greenland S, Senn SJ, Rothman KJ et al. (2016) Statistical tests, p values, confidence intervals, and power: a guide to misinterpretations. Eur J Epidemiol 31:337-350; doi: https://doi.org/10.1007/s10654-016-0149-3

Hazra A, Gogtay N (2016) Biostatistics series module 3: comparing groups: numerical variables. Indian J Dermatol 61:251-60; doi: https://doi.org/10.4103/0019-5154.182416

Kim TK (2017) Understanding one-way ANOVA using conceptual figures. Korean J Anesthesiol 70:22-26; doi: https://doi.org/10.4097/kjae.2017.70.1.22

Lee S, Lee DK (2018) What is the proper way to apply the multiple comparison test? Korean J Anesthesiol 71:353-360; doi: https://doi.org/10.4097/kja.d.18.00242

McHugh ML (2011) Multiple comparison analysis testing in ANOVA. Biochem Med (Zagreb) 21:203-9

Noordzij M, Dekker FW, Zoccali C et al. (2011) Sample size calculations. Nephron Clin Pract 118:c319-23; doi: https://doi.org/10.1159/000322830.

Park E, Cho M, Ki CS (2009) Correct use of repeated measures analysis of variance. Korean J Lab Med 29:1-9; doi: https://doi.org/10.3343/kjlm.2009.29.1.1

Ranstam J (2012) Why the p-value culture is bad and confidence intervals a better alternative. Osteoarthritis Cartilage 20:805-8; doi: https://doi.org/10.1016/j.joca.2012.04.001

Spriestersbach A, Röhrig B, du Prel JB et al. (2009) Descritive statistics: the specification of statistical measures and their presentation in tables and graphs. Part 7 of a series on evaluation of scientific publications. Dtsch Arztebl Int 106:578–83; doi: https://doi.org/10.3238/arztebl.2009.0578

Thiese MS, Arnold ZC, Walker SD (2015) The misuse and abuse of statistics in biomedical research. Biochem Med (Zagreb) 25:5-11; doi: https://doi.org/10.11613/BM.2015.001

Vogel PUB (2020a) The Student's t-test phenomenon – Many people use it, but only few use it right – A guide to non-statisticians. Ebook, Amazon kindle. ASIN: B085N62RBQ

Vogel PUB (2020b) Validierung bioanalytischer Methoden. Springer Spektrum: Wiesbaden; doi: https://doi.org/10.1007/978-3-658-31952-6

Walfish S (2006) A review of statistical outlier methods. Pharmaceutical Technology https://www.pharmtech.com/view/using-analytical-assays-to-ensure-biosimilar-quality. Zugegriffen am: 10.01.2021.

Weissgerber TL, Garcia-Valencia O, Garovic VB, Milic NM, Winham SJ (2018) Why we need to report more than 'data were analyzed by t-tests or ANOVA'. Elife 7. pii: e36163; doi: https://doi.org/10.7554/eLife.36163

Printed in the United States
by Baker & Taylor Publisher Services